U0502968

胡萝卜
优质高产栽培技术

HULUOBO YOUZHI GAOCHAN ZAIPEI JISHU

刘贤娴　王淑芬　刘　辰　主编

中国科学技术出版社
·北京·

图书在版编目（CIP）数据

胡萝卜优质高产栽培技术 / 刘贤娴，王淑芬，刘辰
主编 . —北京：中国科学技术出版社，2020.2（2023.11 重印）
ISBN 978-7-5046-8504-9

Ⅰ. ①胡… Ⅱ. ①刘… ②王… ③刘… Ⅲ. ①胡萝卜－蔬菜园艺
Ⅳ. ① S631.2

中国版本图书馆 CIP 数据核字（2020）第 000205 号

策划编辑	王双双	
责任编辑	王绍昱	
装帧设计	中文天地	
责任校对	焦　宁	
责任印制	马宇晨	
出　　版	中国科学技术出版社	
发　　行	中国科学技术出版社有限公司发行部	
地　　址	北京市海淀区中关村南大街16号	
邮　　编	100081	
发行电话	010-62173865	
传　　真	010-62173081	
网　　址	http://www.cspbooks.com.cn	
开　　本	889mm×1194mm　1/32	
字　　数	130千字	
印　　张	5.25	
版　　次	2020年2月第1版	
印　　次	2023年11月第2次印刷	
印　　刷	北京长宁印刷有限公司	
书　　号	ISBN 978-7-5046-8504-9 / S·758	
定　　价	25.00元	

编辑委员会

主　编

刘贤娴　王淑芬　刘　辰

编　委

徐文玲　王文亮　张　剑

王敬民　付卫民　王荣花

Preface 前言

　　胡萝卜原名叫甘荀，产于中亚，阿富汗为最早演化中心，栽培历史悠久。约在13世纪，胡萝卜从伊朗引入中国，在1159年成书的南宋《绍兴校定经史证类备急本草》上已有胡萝卜的记载。据明朝李时珍所著的《本草纲目》记载："元时始自胡地来，气味微似萝卜，故名。"由此可知，胡萝卜之所以这么叫，首先是因为长得像萝卜，其次是因为中国古代称北边或西域的民族为"胡人"，其居住地为"胡地"，这种从西域引入的形似萝卜的作物便因此得名。

　　胡萝卜是目前世界各地普遍食用的蔬菜之一。17世纪，胡萝卜在欧洲各国普遍种植，颇受人们欢迎，被视为菜中上品。荷兰更是把胡萝卜列为"国菜"。目前，胡萝卜在我国南北各地均有栽培，尤以宁夏、陕西、山西、内蒙古、河北、山东及四川、浙江、江苏等地栽培更多。胡萝卜由于适应性强、病虫害少、栽培技术简单、耐贮藏，是北方主要冬贮蔬菜之一。在根菜类中，胡萝卜的栽培面积、产量仅次于萝卜，居第二位。

　　胡萝卜外形俏丽，色泽鲜艳，味道醇香脆口，甜而多汁，营养丰富，有一定的保健功效，素有"小人参"之称，是一种亦菜亦药的佳品。胡萝卜营养丰富，含有糖类、脂肪、挥发油、胡萝卜素、维生素 B_1、维生素 B_2、花青素、钙、铁等，另含果胶、淀粉、无机盐和多种氨基酸。在各类品种中，尤以深橘红色品种中胡萝卜素含量最高。

　　胡萝卜丰富的营养和医疗保健作用在古代就被人们所认识。《本草纲目》中记有："味甘、辛、微温、无毒、主下气补中，和胸膈肠胃，安五脏，令人健食。"常吃胡萝卜对防治软骨病、夜盲症、干眼症、皮肤角化及呼吸系统感染等病有较好的防治效果。另外，胡萝卜的营养价值和药用价值与食用方法有很大关系，因为胡萝卜素是脂溶性物质，以熟食油煎、炒煲食，药效、营养俱佳，有降血脂、降压、抗癌作用。

胡萝卜的病虫害较少，栽培中施用农药较少，在生产中只要稍加注意即可生产出"绿色食品"。随着人们生活水平的提高，蔬菜的营养和安全备受重视，胡萝卜及其加工制品市场前景广阔，胡萝卜的栽培也越来越受到重视。近年来，在设施栽培大面积普及的情况下，胡萝卜在全国各地均可栽培，并实现了周年供应，同时成为我国创汇蔬菜的重要品种。笔者根据多年对胡萝卜栽培和加工技术的研究，以及生产实践的总结，编写本书。全书在介绍胡萝卜生物学特性和名优品种的基础上，重点介绍胡萝卜的安全栽培管理技术、间作套种栽培关键技术、良种繁育技术、采收与贮藏保鲜技术、主要病虫害及防治技术和加工技术。

由于笔者水平有限，书中难免存在错误和疏漏之处，敬请同行专家和广大读者批评指正。

刘贤娴

Contents 目 录

第一章

胡萝卜的生物学特性

一、胡萝卜的植物学特性

胡萝卜是伞形花科胡萝卜属中能形成肥大肉质根的栽培变种，属二年生草本植物。胡萝卜的别名有红萝卜、黄萝卜、定向萝卜、葫芦菔金、赤珊瑚、黄根等。染色体数为 $2n=2x=18$。

1. 根

胡萝卜为深根性蔬菜。根系为直根系，包括肉质根和吸收营养根两部分。吸收根发达。主要根系分布在 $20\sim90$ 厘米土层中，最大横宽可达 150 厘米，最深可达 250 厘米。幼苗的子叶出土后，幼根即深达 10 厘米，并长出具有稠密根毛的细小侧根。在疏松的土壤中，播种后 45 天，主根深达 70 厘米，90 天后深达 180 厘米。采收时根系长 200 厘米左右，能从土壤深层吸收水分和养分。因此，土壤深耕，并在生长期内维持土壤的疏松、肥沃和湿润状态是保证胡萝卜肉质根充分膨大的重要措施。

胡萝卜肉质根的外部形态，可分为根头部、根颈部、直根部 3 部分。直根上部包括少部分由胚轴膨大形成的肉质根，可深入土表以下。肉质根内部结构与直根内部结构基本相同，均具有原生、次生韧皮部和木质部。但肉质根的次生韧皮部发达，次生木质部不发达；直根则次生木质部发达，次生韧皮部不发达。因此，胡萝卜的次生韧皮部为主要的食用部分，组织柔嫩，富含营养物质。肉质根的心柱由次生木质部构成，含营养物质较少，质地也较硬，食味差。

　　胡萝卜肉质根的皮色、肉色及心柱色，与品种、栽培、肉质根中色素密切相关。肉质根的皮色有紫黑色、紫色、深红色、红色、橙红色、橙黄色、淡黄色、白色等；肉质的颜色有紫色、红色、橙色、黄色、白色等；心柱的颜色有红色、橙色、黄色、白色等。随着生活水平的提高和消费习惯的改变，消费者根据不同用途对肉质根的选择也趋于多样化。肉质根中胡萝卜素的含量与根皮肉色有密切关系，一般肉质根为橙红色的含胡萝卜素最多；紫色、红色的含胡萝卜素次之；黄色的含胡萝卜素较少；白色胡萝卜则缺少胡萝卜素。

2. 叶

　　叶的生长在播种出苗后，先生长出一对披针形的子叶，其后生长出真叶。第一对真叶很小，很快即枯萎，以后的叶子存活期较长。叶为根出叶，呈螺旋状排列在根头上，系三至四回羽状复叶，全裂，叶裂片呈狭披针形。一般叶片长30～60厘米，叶宽10～25厘米。叶柄细长，叶色浓绿，叶面积小，叶面密生茸毛。叶片的长、短、宽、窄、颜色及裂片与叶茎颜色因品种不同而异。一般早熟品种的叶片数少，叶柄短；晚熟品种的叶片数多，叶柄长。叶片、叶柄是制造营养物质的器官，叶子生长得好坏，对肉质根和种子的产量、品质影响很大。

3. 茎

　　胡萝卜的茎在营养生长时期为短缩茎。肉质根贮藏越冬后，经栽植才产生茎蔓，主茎先形成，然后在主茎上分生侧枝，再在侧枝上分生分枝，分枝再分小枝。一般情况下主茎上分生侧枝5～10个，每个侧枝叶腋处均能分生分枝。一般主茎高70～130厘米，侧枝长50～100厘米，茎中空，茎皮多为褐绿色，也有红紫色，茎表面有棱、茸毛。茎的作用主要是支撑植

株，着生花序，开花结果，供给生殖生长营养。茎粗壮则花伞
大、花数多、种子多而饱满。

4. 花

胡萝卜经过肉质根贮藏越冬，春季定植后抽薹开花。先在肉
质根上抽生出主薹茎，再在主茎上分生侧枝。在主茎和侧枝顶端
生出花伞，开花结实。每个复聚伞花序由许多小伞状花序组成，
形成盘状。每个小伞状花序中有小花 10～1 160 朵，由锯齿状裂
片组成的小总苞包着。小花为完全花，每朵小花由 5 枚花萼、5
个花瓣、雄蕊和雌蕊组成。雄蕊中有 5 枚花药。雌蕊有 2 个花柱、
子房下位、2 室，每室各有 1 个胚珠，在花柱的下方着生膨大而
有发达蜜腺的花柱基。主茎花序主要由两性花组成，但侧枝次生
花序中常会产生雄性单性花。就一棵胡萝卜植株而言，其开花顺
序是主薹花序先开，过 10 天左右一级花枝开花，再过 10 天左右
二级花枝开花，再过 8 天左右三级花枝开花；每个复伞花序开花
顺序是外围小花伞先开，中部小花伞后开；每个小花伞内是外围
花朵先开，中部花朵后开；一朵花雄蕊先成熟，雄蕊较雌蕊先成
熟 24 小时以上；整株开花期约 30 天，一块栽培田花期可持续在
45～55 天，在高温干燥环境下花期缩短，在阴雨低温湿润条件
下花期延长。

胡萝卜的花较小，白色或淡黄色或紫粉红色，属异花授粉
植物，为虫媒花。刚开花时，花瓣分开，花药先伸出，待花丝
伸直以后，散出花粉，雄蕊很快脱落。然后花瓣充分开放，雌
蕊的花柱伸长，花柱上端分裂，柱头分裂为两部分接受花粉。
进入开花期后，每天上午 8 时左右外伞的小花先开，至 10 时左
右花盛开，中午气温高时很少开花，下午 4—6 时又有部分内
伞的小花开放。每朵花的开放顺序是花瓣先开，然后雄蕊中的 3
个花丝伸长，待另 2 个花丝伸长后，花丝与花药呈"丁"字状，
花药裂后花粉大量外散。但 1～2 天后，雌蕊才成熟，这时两
花柱头分开，从此时开始柱头接受花粉的能力可维持 5～7 天，

具有典型的异花授粉习性。胡萝卜中有遗传型的雄性不育株系，国内外也已广泛用于杂交种一代优势利用。雄性不育株的特点除花药变褐外，花瓣的形状也有变化，而且到种子成熟后才脱落，而雄性可育株的花瓣在分裂的柱头授粉后不久就脱落。因胡萝卜花为虫媒花，天然异花授粉，在繁种制种时，必须严格设立隔离区，防止品种间杂交而造成种子混杂。

5. 种子

胡萝卜果实为双悬果，成熟时分裂为二，一个种子饱满，一个瘪瘦。种子椭圆形，黄褐色，皮革质，长约 3 毫米，宽 1.5 毫米，厚 0.4～1 毫米，纵棱上密生刺毛，千粒重 1.1～1.5 克，种胚很小，常因花期遇到恶劣的环境条件而发育不良或无胚。种子出土能力差，发芽率在 70% 左右，而且种子上的刺毛易粘连成团，使播种时不易分离而造成播种不均匀。因此，播种前应搓去种子上的刺毛，防止因黏结而不能匀播。其种皮革质化、透水性差且含有挥发油，不易吸水，致使种子发芽慢。种子的寿命一般可达 3～5 年，但 2 年以后的种子如保存不当，发芽率会降低，因此在播种前 15 天应做种子发芽率试验，以发芽率确定播种量才能保证合理密度。

二、胡萝卜的生长发育周期

胡萝卜的生长周期从种子播种到种子成熟需经过两年。第一年为营养生长时期，长成肉质直根，一般在 90～130 天。在南方可露地越冬，在北方则应进行贮藏越冬，以通过春化阶段。翌年春季定植，在长日照下通过光照阶段，而后抽薹开花，完成生殖生长阶段，一般在 100～140 天。

1. 营养生长期

（1）发芽期　由播种到子叶展开、真叶露心，需 10～15 天。胡萝卜不仅发芽慢，而且对发芽条件的要求也比其他根菜类严格。在良好的发芽条件下，发芽率为70%，而在稍差的露地条件下，发芽率有时会降至20%。因此，创造良好的发芽条件，是保证"苗齐、苗全"的必要措施。

（2）**幼苗期** 由真叶露心到5～6叶，经过25天左右。这个时期的光合作用和根系吸收能力都还不强，生长比较缓慢，5～6天或更长的时间才生长出一片新叶。在23～25℃温度下生长较快，温度低时则生长很慢。苗期对于生长条件反应比较敏感，应随时保证有足够的营养面积和肥沃湿润的土壤条件。胡萝卜幼苗生长很慢，抗杂草能力又很差，因此，幼苗期及时清除杂草危害是保证幼苗苗壮生长的关键。

（3）**叶生长盛期** 又称莲座期，是叶面积扩大、同化产物增多、肉质根开始缓慢生长的时期，所以又称为肉质根生长前期。这个时期一般为30天左右。生长盛期的叶对光照强度反应比较敏感。当展开叶数约10片以后，下部叶片因光照不良，就开始枯黄、落叶。不过叶片枯黄的早晚与植株营养面积和叶片徒长情况有关。若营养面积小和叶片徒长，则叶片提早枯黄和脱落，从而影响肉质根的肥大，这时的同化产物分配仍以地上部为主。这个时期的生长应注意地上部与地下部的平衡生长，肥水供给不宜过大，对地上部叶子的生长要保持"促而不过旺"。

（4）**肉质根生长期** 此期约占整个营养生长期2/5的时间。肉质根的生长量开始超过茎叶的生长量。叶片继续生长，下部老叶不断死亡，所以叶片维持一定数目，这个时期主要是要保持最大的叶面积，以便加强光合作用，使大量形成的产物向肉质根运输贮藏，进而使肉质根生长迅速，逐渐加粗。此时营养元素对肉质根的肥大也有一定影响，氮吸收少时，仅促进地上部生长，而延迟肉质根的肥大，尤其是在日照不良或高温情况下，地上部更易过旺，以致影响地下部的生长。

2. 生殖生长期

由营养生长过渡到生殖生长，胡萝卜需要经过自然或贮藏过冬。在 2～6℃低温条件下，需 60～90 天通过春化阶段，翌年早春定植后，进入生殖生长期，在长日照下通过光照阶段，开始抽薹、开花、结实，完成整个生长发育周期。

（1）定植期　不同地区定植时期有所差异。南方早，北方晚，一般山东露地栽培在 2 月底至 3 月上旬定植。保护地可提前 25 天定植。选择根形好、颜色鲜明、根肩窄、个大完整的肉质根定植，淘汰那些畸根、病根、裂根、小根和杂根。

（2）展叶抽薹期　定植后的种株经过 15 天左右，从根头分化出一簇基叶，20 天后逐渐分化出花茎。在山东地区，4 月上旬至 4 月下旬为抽薹期，从定植到抽薹需要 50～65 天，主要利用肉质根贮藏养分，主茎分化节数为 7～10 节，茎高100～160 厘米，具 2～4 次分枝，花茎上有茎生叶，茎端着生复伞形花序。

（3）显蕾期　在山东地区，4 月底至 5 月中旬为显蕾期，需时 20 天。此期主要是花序、花蕾分化生长时期，生长速度很快，花盘逐渐增大。

（4）开花期　在山东地区，5 月上旬至 5 月下旬为开花期，需时 1 个月左右。开花适宜温度为 25℃。胡萝卜的复伞形花序形态有圆形、平面形和弓形。每个花盘上由许多小伞形花序组成，其中主茎花序较大，一般有上千朵小花。而第二、第三、第四次分枝花序相应逐次减小，花数也相应逐次减少。盛花期花盘开张度最大，花盘直径为 17～25 厘米，土壤肥沃的地方，花盘直径可达 40 厘米。花的发育次序具有向心性，即外缘花先成熟。每一个小伞花序花期持续 5 天，一个复伞形花序全部开花约需 2 周。花序中的花多为两性花。主茎花序主要由两性花组成，但在次生的花序中常会发生雄性花。

胡萝卜的两性花小巧玲珑，洁白。有些品种带紫色，花瓣奇特，单花直径为 3 毫米，每个花有 5 个花瓣和 5 个雄蕊，柱头开裂一分为二。花药淡黄色，常在早晨发生纵裂散粉。散粉前药室下垂，形似丰满豆芽；散粉时药室抬头，花丝伸长；散粉后雄蕊很快脱落。不同品种花粉量不同。新鲜花粉全部具有生活力。

胡萝卜的花为雄性先熟，雄蕊较雌蕊先熟24小时，雌蕊柱头在接受花粉时先端开裂，24小时保持授粉能力，因此，胡萝卜为异花授粉作物。胡萝卜是虫媒花，蜜腺发达，香味浓郁，主要靠昆虫传粉。昆虫种类主要为蜂类、蝇类、蚂蚁、小甲壳虫等。

胡萝卜中有遗传型的雄性不育株系，国内外广泛应用于杂交种一代优势的利用，并已培育出一些杂交品种。雄性不育株的特点是雄蕊全部变成绿色的花瓣，而且不脱落，直到种子成熟、花无香味，是理想的杂交材料。

胡萝卜花序中有些雌性花，雄蕊退化为长扁圆形的黄色片状物，无花粉，紧贴在柱头基部。有些雄性花，子房退化，不能结果，其数量随着分枝级次的提高，逐渐增加。研究发现，胡萝卜主花盘上雄性花只占1.2%～1.8%，主要分布在花序中心，一级侧枝占15.5%～19%，二级侧枝占24%～28.9%，三级侧枝占60%左右。由此可见，胡萝卜采种时，二级、三级侧枝无多大的价值，保留主花序和一级侧枝最有效，并且花盘大，种子成熟早，而且发芽率提高到85.5%左右。因此，合理整枝可有效提高胡萝卜种子质量。

（5）结实期　在山东地区，6月上旬至6月下旬为结实期。胡萝卜雌蕊受精后进入结实期，花盘收拢预示着结实期的开始。胡萝卜多为双悬果，果皮上有8排刺毛，从刺毛生长情况可以判断子房是否受精、是否发育正常。子房未受精的果实，果皮上的刺毛不表现生长，最终萎缩死亡。受精良好的果实，刺毛生长正常、匀称。

胡萝卜从开花受精到种子成熟要经历3个时期：一是初生子粒期，其特点为子房迅速发育，出现种胚，呈透明状态，需时 10 天左右。二是灌浆期，种胚迅速膨大，果实由软渐硬，胚呈乳白色，需时 12 天左右。三是蜡染期，种胚发育完全成熟，需时 15 天左右。在种胚发育过程中，营养不足常使有些果实停滞发育，成为影响种子质量和产量的主要因素，因此，结实期一定要加强肥水科学管理。

（6）**种子收获期**　胡萝卜开花后 30 天左右，种子才能成熟。在山东地区，胡萝卜种子收获期为 6 月下旬至 7 月上旬。主花盘果实比一级侧花盘果实早熟 18 天左右。胡萝卜最适采收期为种胚发育成熟，发芽率最高；外观标志为果皮变褐色，刺毛干、脆。此时采收的果实，经过后熟，将得到优质的种子。过早采收，种子质量不佳；过晚采收，种子会散落田间，影响产量。采后的种盘需放于通风处，后熟 5～7 天。

胡萝卜果实为双悬果，成熟时分离为两个果实，每个果实中含有 1 粒种子。果实长椭圆形，厚 0.4 毫米，长 3 毫米，宽 1.5 毫米，果实小，表面生有刺毛，果实易黏结成团。

胡萝卜是绿体植物低温感应型蔬菜，由营养生长过渡到生殖生长，需要经过低温时期，通过春化阶段。胡萝卜又是长日照植物，通过春化阶段后，需在 14 小时以上的长日照条件下通过光照阶段，然后才能抽薹开花。与萝卜相比，胡萝卜通过春化阶段的温度较低，时间较长。对于冬性弱的胡萝卜品种，春季播种，当年也可达到采种的目的。

三、胡萝卜对环境条件的要求

掌握胡萝卜对环境条件的要求，在栽培中尽量选择适宜的环境条件，克服不良环境的影响，促进植株健壮生长，达到高产、优质、高效的目的。

1. 温度
胡萝卜原产于中亚较干燥的草原地区，为半耐寒性作物。

其耐寒性、耐热性均强于萝卜。营养生长时期喜温和冷凉的气候，而生殖生长时期要求相对较高的温度。

胡萝卜种子在水分适宜条件下，温度在4～6℃时就能萌动，但发芽缓慢，约需30天；温度在8℃时约需25天；温度在12～15℃时约需10天；最适温度为20～25℃，约7天即可发芽。胡萝卜播种不宜过早或过晚，一般平均气温在7℃左右即可播种。

胡萝卜叶部生长具有较强的适应性，幼苗期能耐短期低温（-5℃）。胡萝卜叶片生长的适宜温度，昼温为18～23℃，夜温为13～18℃。胡萝卜幼苗期在23～25℃温度条件下生长较快，温度低时则生长缓慢。茎叶的生长适温为23～25℃，幼苗可耐27℃以上的高温。

胡萝卜肉质根膨大期的适宜温度，昼温为15～23℃，夜温为13～15℃，地温是18～23℃，在此温度下，肉质根生长快，根形整齐、品质好。而温度在3℃以下时生长停滞，25℃以上时生长受阻。若温度长时间高于24℃，肉质根的膨大缓慢，色淡，根短且尾端尖细，产量低、品质差。肉质根胡萝卜素形成的适宜温度为15～21℃。根的颜色对温度较敏感，在肉质根生长过程中，温度适合，越接近于成熟，胡萝卜素的含量就越高，其颜色也逐渐加深。据研究报道，地温在10～15℃根色浅，品质不佳；15.5～21℃根色较好；高于21℃，根色差，品质劣。胡萝卜春播，播种过早易抽薹；播种过晚则导致肉质根膨大期处在25℃以上的高温期，影响肉质根的膨大和品质，并产生大量畸形根。因胡萝卜叶片较耐高温，所以苗期可安排在温度较高或较低的月份，使肉质根生长期处于最佳温度的月份，有利高产优质。

胡萝卜为绿体春化型蔬菜，由营养生长过渡到生殖生长，需要经过冬季低温春化阶段。若要通过春化阶段应保持温度在1～3℃约18天，而温度在10～15℃约30天。到了翌年春夏季，温度升高，胡萝卜开始抽薹、开花与结果。胡萝卜植株生长到一定大小后，才能感受低温的影响，易抽薹品种在苗期3～5片真叶时就能感受低温而进行花芽分化，在5—6月长日照条件下抽薹开花。据日本学者研究，黑田五寸类型胡萝卜品种遇到10℃以下低温累计360小时以上，就有抽薹的危险，温度越低、持续低温时间越长，抽薹率越高，最高可达90%以上。但是，也有少数品种可以在种子萌动后和较高温度条件下通过春化阶段，而造成未熟抽薹的现象。胡萝卜开花结实期适温为25℃左右。较高的温度有助于提高花粉活力，一般安排在上午10时或下午2时左右进行授粉。因此，繁种田栽培，要掌握好春化阶段的温度，保障植株抽薹开花，合理安排授粉时间，达到结实丰产的目的。

高温期胡萝卜容易发生软腐病、白粉病、病毒病等，因此温度较高时应注意病虫害的防治。

2. 光照

胡萝卜属于长日照植物，日照14小时以上才能发育。在长日照下通过光照阶段而抽薹开花，且其营养生长要求中等光照。胡萝卜对光照强度要求较高，光照充足，叶片宽大；光照不足会导致叶片狭小细弱，叶柄伸长，下部叶片营养不良，从而提早衰亡。

胡萝卜是喜光作物，除草、间苗都宜早进行。在肉质根膨大期间，如果植株过密，相互遮阴，就会导致胡萝卜产量低、品质差，从而影响商品性。对于秋季利用低龄树林、低龄果园、吊瓜园、葡萄园、桑地等高秆植物套种胡萝卜栽培方式的，前期应遮阴降温，利于出苗、齐苗，只要在9月底前后能保证胡萝卜有足够的光照，同样可以获得高产。

3. 水分

胡萝卜叶为根出叶，面积小，叶面上密生茸毛，蒸腾能力弱。胡萝卜为深根性蔬菜，这种具有抗旱特性的叶片结构，配合强壮的根系，能利用土壤深层的水分，为蔬菜中抗旱能力较强的一种。胡萝卜虽然根系较强大，根系深，比较耐旱，但也要求较湿润的土壤，干旱时仍需灌溉，才能利于高产优质。胡萝卜缺水将导致生长减慢、肉质根细小、须根多、外形不正、粗糙。如果严重缺水，胡萝卜就会停止生长。一般土壤相对含水量应保持在20%～30%，过湿或过干，则根表面多生瘤状物、裂根乃至烂根。幼苗期和叶片旺盛生长期可适当控制水分。若生长前期水分过多，地上部生长过旺，使地上部与地下部比例增大，影响以后的直根生长。中后期应保持土壤见干见湿，促进肉质根正常发育膨大。

　　播种到出苗期应保持土壤湿润，发芽期种子发芽很慢。因此，从播种到出苗，应连续浇水2～3次，一般间隔3～4天浇水1次，以后间隔10～15天浇水1次，或播种前充分浇水，经常保持土壤湿润。胡萝卜出苗后，如遇高温干旱天气，易缺水而影响幼苗正常生长，需在清晨或傍晚时淋水润土保墒，且水量不宜大，使土壤湿度维持在田间最大持水量的70%。一般土壤的相对湿度维持在65%～80%为宜，过干、过湿均不利于种子发芽出苗。胡萝卜又较怕涝，在苗期与叶片生长旺盛期如逢雨季，若排水不畅，易导致肉质根生长受限而减产，所以这段时间需控制水分和注意排涝，同时结合中耕松土蹲苗，以防止叶部徒长，影响肉质根的生长，保持植株地上部与地下部生长平衡。当胡萝卜长到手指粗，进入肉质根膨大期，是肉质根生长最快的时期，也是对水分、养分需求最多的时期，必须及时、充足地浇水，保持土壤湿润，防止肉质根中心柱木质化。如果土壤和空气过分干燥，水分不足，肉质根容易木质化、质地粗硬，侧根增多、根细、粗糙、外形不正、品质差；土壤水分过多、浇水过勤，会造成土壤中空气稀薄，根处在无氧呼吸的状态，时间长了就会产生沤根和烂根，也会引起地上叶片发生病变，从而使叶子干枯；水分忽多忽少、土壤忽干忽湿，会使肉质根开裂，易形成裂根与歧根，降低品质。只有适时适量浇水，才能提高胡萝卜品质和产量。胡萝卜浇水切忌忽干忽湿，收获前 10 天停止浇水。

4. 土壤

胡萝卜为根菜类蔬菜。这类蔬菜根要往深处扎，并在土中膨大，因此，良好的土壤结构是获得高产优质的保证。一般情况下，土层深厚、土质疏松、排水良好、土壤孔隙度大的沙壤土和壤土较适宜。土壤孔隙度在 20%～30% 为最好。如果孔隙度减小，产量会相应降低。孔隙度小、容量大、耕层浅的土壤不但使产量降低，而且由于主根的生长受阻，易形成分叉的畸形根。过于沙性的土壤也不好，虽然生长快、外观好，但质地粗、味淡，而且耐寒性、耐热性、耐贮性都差。

胡萝卜适应性强，栽培容易，沙壤土、壤土、黏土均可栽培成活。胡萝卜的肉质根表面上在 4 个相对方向有纵列 4 排须根，细根较多，根系扩展 60 多厘米。胡萝卜根的表面有气孔，以便根内部与土壤中空气进行交换。若土质黏重、排水不良、透气性差、土层浅的土壤，气孔扩大而使胡萝卜表皮粗糙、色浅，易发生叉根、瘤状物、裂根、烂根，且产量低、质量次、售价低。此时，需要增加农家肥的用量，或在翻耕时施入一定量的草木灰、砻糠灰。为提高胡萝卜的外观质量和经济效益，在孔隙大、环境好、无污染、土层深厚、土质疏松肥沃、排水良好、向阳、升温早、富含有机质的沙壤土或壤土（pH 值为 5～8）中种植，胡萝卜生长良好，肉质根颜色鲜艳，侧根少，皮光滑，质脆。在胡萝卜生长期内，维持土壤的疏松、肥沃和湿润，是促进根系旺盛生长、保证地上部叶面积扩大和肉质根肥大的首要条件。

胡萝卜根系发达，因此深翻土壤对促进根系旺盛生长和肉质根肥大有重要作用。播前需深耕细作，耕作深度不小于 25 厘米。如新黑田五寸人参产量高，肉质根长达 20 厘米左右，因此翻耕深度应掌握在 25～30 厘米，最好于冬前深翻，播种前结合施基肥再翻耕 1 次。如果耕翻土壤不深、整地不细，或施用未充分腐熟的有机粪肥，都会妨碍肉质根的正常生长，甚至出现叉根、裂根、烂根现象。对排水稍差、土壤质地较黏重的地块，可实行高垄栽培，利于排水降湿、避免渍害，同时还能增加土壤透气性、减少裂根，使胡萝卜优质高产。

5. 矿质营养

在肉质根的形成过程中需要大量的矿质元素。若缺乏矿质元素就会影响肉质根的产量，特别是缺氮、钾的影响最大，缺磷、钙次之，缺镁的影响较小。胡萝卜生长需要较多的有机肥，其需肥特点为：钾最多，氮次之，磷较少。

（1）**氮**　氮是叶绿素的组成成分，氮越多，叶绿素也就越多，颜色就越绿。而胡萝卜的根中几乎没有叶绿素，增施氮肥能增加胡萝卜素的含量，使根的颜色加深。氮能促进枝叶生长，合成更多养分。缺氮时，叶片生长缓慢，严重缺乏时，中央叶脉先发黄，逐渐扩展到全叶，继而因植株凋萎而影响产量。氮过量，易引起土壤中不溶性钾含量高，从而导致硝态氮积累，会造成徒长，进而导致肉质根细小、产量降低。胡萝卜对氮的需求以前期为主，播种后 30～50 天，应适量追施氮肥。不同形态的氮对胡萝卜的生长影响都较大，单施硝态氮肥或硝态氮肥与铵态氮肥混合施用比单施铵态氮肥生长发育好。单施铵态氮容易发生叶片黄化、生长停滞等现象，肉质根膨大不好，畸形根增加。

（2）**磷**　磷有利于养分运转，改善品质，对胡萝卜的初期生长发育影响很大，但对以后肉质根膨大作用较小，故一般在基肥中施入。胡萝卜对磷的吸收量较少，仅为氮吸收量的 40%。当土壤有机磷含量大于 200 毫克 / 千克时，施用磷肥不仅没有增产效果，甚至会造成减产。对磷有较强固定作用的石灰性土壤，要施用适量的磷肥作基肥，有利于胡萝卜早期生长和后期根系的膨大。胡萝卜对磷肥的需求量较少，但必须满足其生理需要，否则就会影响肉质根膨大和品质。

（3）**钾**　钾肥促进根部形成层的分生活动，增产效果明显。胡萝卜前期生长缓慢，吸收养分很少；后期肉质根迅速膨大，吸收养分急剧增加。缺钾时，徒长现象严重；钾肥过量，会降低含糖量。当土壤中可代换性钾含量低于150～200毫克/千克时，要施用钾肥，尤其是在胡萝卜肉质根膨大期更需要追施钾肥。

（4）**钙**　胡萝卜对钙的吸收量较多，缺钙易引起肉质根的空心病，而高钙会使糖分、胡萝卜素的含量减少。

（5）**镁**　胡萝卜对镁的吸收量不多，但镁含量充足可保证含糖量和胡萝卜素含量，品质更好。

（6）**钼、硼**　胡萝卜生长还需要钼和硼，缺钼植株生长不良，植株矮小。缺硼，根尖变黄，肉质根小，表皮粗糙，根中心颜色发白。胡萝卜对硼的忍耐程度较高。

胡萝卜营养生长时期在90～140天，没有足够的矿质营养是不行的。栽培上要注意多施磷、钾肥，以增强抗性。每生产1 000千克肉质根，需氮2.4千克、五氧化二磷0.75千克、氧化钾5.7千克。基肥以腐熟的有机肥为主、化肥为辅，并要求均匀地埋入距表土6厘米以下土层。基肥量应占总肥量的70%以上。有机肥要充分腐熟，细碎，撒施均匀。施肥应注意，不使用工业废弃物、城市垃圾和污泥；不使用未经充分发酵腐熟、未达到无害化指标的人畜粪等有机肥料。另外，因胡萝卜生长的中、后期需肥量较大，施肥宜以迟效性的基肥为主，并以畜禽圈粪为佳。土壤肥沃、基肥充足能够保证肉质根急剧膨大对各种元素的供应。在中、后期适当追肥，并注意磷、钾肥的配合使用。

6. 灾害性天气的影响

（1）**大雨或暴雨**　胡萝卜播种后至出苗前，若遇到暴雨天气，容易冲刷或拍实垄面、畦面，影响出芽。一般可在垄面、畦面上覆盖一层麦秸或稻草，既遮阴保湿又防雨水冲刷。出苗后，暴雨容易导致胡萝卜幼苗倒伏，生长重心偏移，肉质根分叉或裂根。大雨和连绵雨天气容易导致田间积水、地面板结，田间湿度过大，会严重破坏胡萝卜根系的生长环境。因此，要选择在地势较高、排灌方便的地块种植胡萝卜，减少暴雨和大雨的危害。

（2）**低温**　低温冻害容易使胡萝卜冻伤或冻死，产量降低。严重冻害会使植株生长点受到破坏，顶芽冻死，生长停止。肉质根受到冻害时，生长停止，直接影响其商品性。胡萝卜生长期如遇霜冻，可将湿稻草或湿柴火堆放在菜田边生火熏烟以减弱霜冻程度。若已达到商品成熟度，要及时抢收或加强田间管理，如中耕培土，可疏松土壤以提高地温。根据胡萝卜的生长特点和对温度的要求，由于各地区气候条件不同，播种期与收获期也有区别。胡萝卜在月平均气温连续出现零下低温前，必须收获。根据胡萝卜的生长期长短，确定适宜的播期。在西北和华北地区，多在7月中旬左右播种，11月上中旬上冻前收获，以免肉质根受冻，不耐贮藏。

（3）**冰雹**　冰雹可将叶片打成碎片，降雹后应及时清沟排水，以降低土壤湿度，并要及时连续进行2～3次中耕松土，特别是盐碱地和板结地，避免发生泛盐和淤泥板结。

第二章
胡萝卜分类及名优品种

一、胡萝卜分类

胡萝卜品种可以根据生态类型、肉质根形、生产用途 3 个方面来进行分类。

1. 按生态类型分类

胡萝卜原产于中亚，野生胡萝卜被驯化成一种蔬菜是在 10 世纪左右。关于胡萝卜在世界各地的传播有不同的说法，但普遍认为，被驯化后的胡萝卜沿着东西两条线开始分散。西线在 10 世纪到达波斯，11 世纪到达中东和北非，12 世纪到达西班牙，14 世纪到达西北欧，15 世纪到达英国，16 世纪到达美国。东线约在 13 世纪到达中国。根据进化中心不同，演变的品种形态也不相同，一般可分为以下 4 种生态类型。

（1）阿富汗生态型 阿富汗为紫色胡萝卜最早演化中心，栽培历史在 2 000 年以上。此种生态类型的根部细长，有白色、黄色、橙色、红色、紫色等不同颜色，为半野生型胡萝卜。

（2）欧洲生态型 10 世纪胡萝卜从伊朗引入欧洲大陆，15 世纪见于英国，发展成欧洲生态型，以地中海沿岸种植最多。此种生态类型的肉质根有长根形和短根形，根的颜色以橙红为主，抽薹较晚。

（3）中国生态型 约在 13 世纪，胡萝卜从伊朗引入中国，发展成中国生态型，以山东、河南、浙江、云南、陕西等省种植最多。有代表意义的是以华北为中心进化发展的胡萝卜，肉质根形由粗短至细长，根茎颜色有白色、黄色、橙红色、紫色等，抽薹有早有晚。胡萝卜于16世纪从中国传入日本。

（4）**美国生态型**　胡萝卜在16世纪传入美国，逐渐演变成美国生态型。其根的颜色多为黄色、橙色，根形多较为短粗，抽薹较晚。

2. 按肉质根形分类

根据肉质根的长短，胡萝卜可分为短、中、长3种类型：10厘米以下的称三寸根，属于短根类型；16.5～23.1厘米的称五寸根，属于中根类型；大于23.1厘米的称七寸根，属于长根类型。根据肉质根的形状特征，一般可分为以下3种类型。

（1）**短圆锥类型**　一般根长10～15厘米，最短的根近圆形，长仅4～6厘米。早熟、耐热、产量低，春季栽培抽薹迟。如烟台三寸胡萝卜，外皮及内部均为橘红色，单根重0.1～0.15千克，肉厚、心柱细、质嫩、味甜，宜生食。

（2）**长圆柱类型**　晚熟，根细长，肩部粗大，根前端钝圆，一般根长8～15厘米。如南京市、上海市的长红胡萝卜，湖北麻城棒槌胡萝卜，安徽肥东黄胡萝卜，西安齐头红、岐山透心红、凤翔透心红，广东麦村胡萝卜，日本五寸参等。

（3）**长圆锥类型**　一般根长15～25厘米，多为中、晚熟品种，味甜，耐贮藏。如宝鸡新透心红，北京鞭杆红，济南蜡烛台，内蒙古黄萝卜，烟台五寸胡萝卜，汕头红胡萝卜，北京红芯等。

3. 按生产用途分类

胡萝卜根据用途不同，可分为以下4种类型。

（1）**生熟食兼用类型**　此类型品种肉质根皮光滑，质脆甜，较细嫩，营养成分高，生食、熟食皆佳，主要作为蔬菜食用。

（2）**饲用类型**　此类型肉质根粗长，一般产量高，色黄多汁，品质欠佳，叶丛繁茂。多用作饲料饲养家禽、家畜，能促进家禽、家畜的生长发育，提高其抗疾病能力，特别是用作饲养奶牛、奶羊，可显著提高产乳数量和质量。此类型在西北地区多有栽培，用作畜禽鲜精饲料。

（3）水果类型　此类型胡萝卜又叫迷你胡萝卜、袖珍胡萝卜。近年来袖珍胡萝卜风靡日本和西欧国家，因小巧美观、味道甜脆、货架期长，可作为水果随时可食，受到消费者的青睐。我国有少量栽培，主要是为了出口，要开辟国内市场，还要做大量的宣传和市场推广工作。这类品种常见的有丹红、三寸小人参、关东小寒越。此类型有两种：其一为指形。肉质根形状似成人手指，故称指形胡萝卜。一般肉质根长8～16厘米，根茎粗1.3～2厘米，根为圆柱形，外皮橙色，内外色泽一致，肉质细腻，口感脆甜，心柱很细，水分多，根形美观，收尾好，适合鲜食，是西餐桌上的一道美味菜肴。其二为球形。肉质根形状似樱桃水萝卜，所以称球形胡萝卜。肉质根长4～7厘米，根茎粗3～6厘米，呈圆球形；肉质细腻，味甜可口，品质佳，适合鲜食。此类型胡萝卜生育期较短，一般为70～90天，而且叶簇直立，适合大密度栽培和多茬栽培。

（4）加工类型　肉质根皮紫红色或肉红色，质地致密，干物质含量较高的主要用于腌渍；肉质根、肉皮均为橙红色，中心柱细，色泽与韧皮部相似，肉质多致密的主要用于速冻或脱水加工。

在品种选择上可选择含胡萝卜素、红色素、黄色素、维生素高的品种类型，专供加工之用。随着工业科学技术的发展，胡萝卜的粗加工、深加工、精加工不断进步提升，可加工为保健食品、医药等。

二、胡萝卜名优品种

胡萝卜名优品种应具备几个方面特点：第一，外观商品性要好。肉质根圆柱形或圆锥形，皮色鲜亮，根茎整洁，收尾好，整齐美观。第二，营养成分含量要高。肉质根含胡萝卜素、维生素 B_1、维生素 B_2、维生素 C 和可溶性固形营养成分高，保健作用好。第三，丰产潜力要大。每亩（1 亩 ≈ 667 平方米）产量在 3 000～5 000 千克，产量稳定，不因气候变化而忽高忽低。第四，叶丛较小。直立或半直立，叶片数少，适宜增加群体密度以提高产量。第五，肉质根心柱要细。肉质根表皮平滑，韧皮肥厚而心柱木质部细小，肉质细密，水分适中，心柱颜色以红色或橙红色为佳。第六，抗逆性能要强。高抗花叶病毒病、灰霉病、黑斑病、软腐病、菌核病，耐旱、耐涝、耐高温。第七，肉质根周整。肉质根无分叉、无裂缝、无畸形，商品率在 90% 以上。

除以上综合性状外，还要根据栽培季节、特殊用途等，选择耐抽薹、耐热、反季节和加工专用品种来栽培。胡萝卜品种要根据销售和用途来选择，这样才能达到选择名优品种的目的，获得较高的效益。

1. 适宜春播的名优品种

春播品种要求耐抽薹，低温下生长发育良好；通常为生育期 90～120 天，中早熟；肉质根为整齐的圆柱形，根皮、肉、心柱均呈橙红色，品质好，心柱细；肉质根单根重 0.15～0.3 千克，根长 18～25 厘米，根粗 4～5 厘米，每亩产量在 2 500～5 500 千克。

（1）**烟台三寸** 山东省烟台市地方品种。肉质根短圆锥形，根皮、肉均为橘红色，根长 10～15 厘米，根粗 4 厘米，单根重 0.12～0.15 千克。心柱细，肉肥厚，味甜，宜生食。耐热、早熟，生育期90天。不易抽薹，为优良的春、秋两用品种。

（2）**烟台五寸**　山东省烟台市郊区地方品种。叶深绿色，叶丛较直立，株高50厘米左右。肉质根短圆锥形，根长15～20厘米，上部根粗5厘米左右。肉质根根皮、肉均呈橘黄色，肉质较细硬，味甜，品质中等。该品种适应性较强，宜于春播，耐热，春播不易抽薹，生育期为80天左右。

（3）**新胡萝卜1号**　新疆石河子蔬菜研究所从地方品种变异株选育成的鲜食和加工兼用型品种。生长势强，株高50～60厘米，叶丛直立，叶色深绿，叶面有茸毛。肉质根圆柱形，根长14～16厘米，根粗4～5厘米，单根重0.12～0.14千克。表皮光滑，畸形根少，肉质根皮、肉、髓部均为橙红色，质地脆甜，水分适中，耐贮藏。生育期为100～110天，适宜春、秋两季栽培。

（4）**春红一号**　北京市农林科学院蔬菜研究中心培育。冬性强，根部膨大快，着色早。肉质根皮、肉、心柱鲜红色，心柱细，根尾部钝圆。根长18～20厘米，根粗约5厘米，单根重约0.25千克。品种适应性强，口感好，每亩产量约为4500千克。生育期为100～105天。华北地区在3月下旬至4月初露地播种。

（5）**春红二号**　北京市农林科学院蔬菜研究中心培育。早熟、耐热品种。肉质根柱形，根形整齐，表皮光滑，根皮、肉、心柱均为鲜红色。根长18厘米，根粗5～6厘米，每亩产量为4000千克左右。根形整齐，柱形。口感好，品质佳。适于鲜食与加工之用。生育期为90天左右。适合春夏栽培，在我国适合大部分地区春播栽培，华北地区北部春露地栽培可在4月初进行，华北地区南部春露地栽培宜在3月下旬播种。

（6）**红芯一号**　北京市农林科学院蔬菜研究中心育成的一代杂交品种。生育期为105～110天，中早熟，冬性较强。地上部叶色浓绿，叶丛半直立。该品种耐热性强，又较耐低温，抗黑斑病及线虫病。肉质根圆锥形，表面光滑，畸根率低。肉质根长20～21厘米，根粗4.5～5厘米，根皮、肉、心柱均为橙色，心柱细，味脆甜，胡萝卜素含量高。适合春播，华北地区春保护地栽培在3月中下旬进行，春露地栽培在4月上旬进行。春季栽培每亩产量在3300千克以上。也适合秋季栽培，每亩产量在5000千克以上。

（7）红芯二号　北京市农林科学院蔬菜研究中心育成的一代杂交品种。生育期为100天，早熟，冬性较强。地上部长势中等，叶色深绿，叶丛半直立。该品种抗病性强，外表光滑，耐裂，畸根率低，根形整齐，肉质根皮、肉及心柱均为深橙红色，心柱细，口感极佳，胡萝卜素含量高，是鲜食与加工的理想品种。肉质根长圆柱形，根长20厘米，根粗5～6厘米，单根重约0.25千克，适宜春播，播期同红芯一号，每亩产量在2500千克以上。

（8）红芯四号　北京市农林科学院蔬菜研究中心育成的一代杂交品种。生育期为100～105天，冬性强，耐抽薹，适宜春露地播种。肉质根光滑整齐，根皮、肉、心柱均为深橙红色，心柱极细。肉质细嫩，胡萝卜素含量高，肉质根长19～21厘米，根粗约5厘米，呈长圆柱形，单根重0.25～0.3千克，适合鲜食、脱水、加工等，春、夏、秋播均易获高产。春播可比红芯一号、红芯二号提前10天左右，每亩产量在2700千克以上。

（9）红芯五号　北京市农林科学院蔬菜研究中心育成的一代杂交品种。生育期为100～105天，叶色浓绿，地上部长势旺，耐抽薹性较强。肉质根光滑整齐，尾部钝圆，根皮、肉、心柱均为鲜红色，心柱细。肉质根长20厘米，根粗5厘米，单根重约0.22千克，每亩产量为4000～4500千克。胡萝卜素含量较高，为110～120毫克/千克，是新黑田五寸的2～3倍。干物质含量高，口感好，适于鲜食、脱水与榨汁等加工用。播期与红芯四号大致相同。

（10）**红芯六号**　北京市农林科学院蔬菜研究中心育成的一代杂交品种。生育期为 105～110 天，地上部长势强而不旺，叶色浓绿，耐抽薹性极强。肉质根柱形，光滑整齐。根皮、肉、心柱均为深鲜红色，心柱细，口感好。肉质根长 22 厘米，根粗约 4 厘米，单根重约 0.2 千克，每亩产量约为 4 000 千克。胡萝卜素含量为新黑田五寸的 3～4 倍，胡萝卜素含量为 140～170 毫克/千克，其中 β-胡萝卜素含量为 100～120 毫克/千克，是鲜食与加工的理想品种。适合我国大部分地区春季露地播种或南方地区小拱棚越冬栽培。

（11）**京红五寸**　北京京研益农种苗技术中心育成的胡萝卜品种。生育期为 100～110 天，中早熟，生长健壮，耐热性强，冬性较强，抗黑斑病。植株生长势旺，叶丛直立，根长 18～22 厘米，根粗 5～6 厘米，单根重 0.2～0.3 千克。根长圆柱形，表面光滑。根皮、肉、心柱均为橙红色，胡萝卜素、糖及各种矿物质成分含量高，口感及品质好，适合鲜食、干制和加工饮料等。

（12）**新红胡萝卜**　天津市农业科学院蔬菜研究所育成，已在天津市及北方各地推广。叶数 10～12 片，叶色浓绿，肉质根长 18～20 厘米，根粗 4.5 厘米，呈长圆锥形，单根重 0.16 千克。根表面光滑，畸根发生率低，根皮、肉均为橙红色，心柱较小且颜色与外皮相似，味甜，胡萝卜素含量高，适宜鲜食和加工。早熟，生育期为 100～110 天。该品种生长健壮，耐热性强，春季栽培不易抽薹，春季栽培每亩产量在 2 500 千克以上。也适合秋季栽培，每亩产量在 5 000 千克以上。

（13）**四季胡萝卜**　江苏省农业科学院蔬菜研究所从日本引进品种中筛选出的胡萝卜新品种。具有春季晚抽薹、生长快的特点。肉质根圆锥形，根皮、肉均为红色，心柱细，色泽美观，适合鲜食和加工。生育期为 100～120 天，适于春播或设施栽培，可周年生产。

（14）**红天五寸人参**　综合抗逆性强，极耐抽薹，低温下根茎肥大。该品种根皮、肉、心柱均为鲜红色，根长23厘米，长筒形，根眼极浅，表皮光滑，顶小，肩与根部差距小，锥形体少，收尾好。商品性好，质脆味甜，汁多，风味极佳，是鲜食、榨汁、脱水加工出口的优良新品种。豫东地区可春、夏、秋多季种植，盛夏种植最适，适种范围广、适播期长。春季播种以3月上旬为宜，单根重0.2千克左右，生育期为80~90天，每亩产量约为2500千克。盛夏播种以7月上旬为宜，单根重0.3千克左右，生育期为90~100天，每亩产量约为4000千克。

（15）**红秀**　春播杂交一代品种，生育期为90~100天。根尾部钝圆，根长18~20厘米，单根重0.25千克左右。肉质根皮、肉、心柱均为鲜红色，胡萝卜素含量高，根部出土少，青头、黑头现象少，商品性好，适合春播。

（16）**红映二号**　黑田系杂交品种，适播期长。比常规品种抽薹晚，耐热，抗病性强，低温着色好。根形整齐，是近似圆柱的五寸根型品种。生长速度快，单根重可达0.2~0.25千克。特别适合春播，也可以夏播，夏播85~90天收获。

（17）**百日红冠**　中早熟品种，生育期为95~100天。地上部叶色绿，长势强而不旺，肉质根春季着色极快。肉质根圆柱形，皮、肉、心柱为深鲜红色，三红（红皮、红肉、红心）率极高，心柱极细，形成层无黄圈。根长22~25厘米，根粗5厘米，单根重0.25~0.3千克，畸形根极少，商品率高。产量高，每亩产量在5000千克以上。抗病性好，胡萝卜素含量高，口感好，品质优良，是适合鲜食和加工用的理想品种。适合早春露地种植。

（18）**理想**　生育期为100天左右。根肥大，根长约19厘米，根粗约5厘米，根端直，单根重约0.3千克。外皮光滑，皮色和肉色红艳，心柱细，口感甜美，每亩产量在4000千克以上。适合春播和秋播。

（19）**樱桃人参**　生育期：春播90天左右，夏播80天左右。抗黑腐病。根深橙色，根长5～6厘米，根粗约4厘米，单根重0.06千克左右。可生食或煮食。最适于春季播种，也可夏季播种。

（20）**早春红冠**　韩国农友BIO株式会社选育的春播杂交一代品种，生育期为95天左右，根皮、肉、心柱均为鲜红色，根长20～24厘米，单根重0.25千克左右，叶丛直立生长，较小、深绿色，根皮光滑，根部收尾好，成品率高。

（21）**春红胡萝卜**　自韩国首尔引入的胡萝卜品种。肉质根橙红色，肥大，根长19厘米，根粗5厘米，外皮光滑，心柱细，红色。中早熟、丰产品种，须根及裂根少，抗性强，叶数少，直立性强，可密植，播种后100天左右收获。适合春播，每亩产量在2 500千克以上。

（22）**日本红勇人二号**　自日本引入的胡萝卜品种。株高48厘米，开展度为56厘米。株型较直立，不易相互遮阴，叶小、淡绿色，抗叶枯病。叶数14～16片，根长18～20厘米，单根重0.2～0.25千克，肉质根近圆筒形，收尾良好。根皮、肉均为鲜红色，二红率高。口味佳，耐贮运，商品性好，不易出现青头现象。最适合3月上中旬春播，也可5月中下旬夏播。

（23）**红艳五寸**　自日本引入的胡萝卜品种。叶色深绿，叶长65厘米，根长15.5厘米，根粗3.5厘米，单根重0.16千克，根皮、肉、心柱均为橙红色，品质好，肉质根圆柱形、尾钝，根肩稍宽，整齐度高，胡萝卜素含量较高，肉质根脆甜，耐抽薹性极强。中原地区适宜播期在3月上旬，大棚春播可提前到2月下旬，每亩产量在2 300千克以上。适合春播。

（24）**夏时五寸人参**　自日本引入的胡萝卜品种。叶色深绿，根形整齐一致，根皮、肉、心柱均为橙红色，根肩稍宽，圆柱形，根尾钝圆，平均单根重0.26千克，品质极优。耐抽薹，抗病性强。每亩产量约为5 000千克。适合春播和夏播，也可秋播。春季栽培每亩产量在 3 100 千克以上。夏、秋季栽培，每亩产量在 5 000 千克以上。

（25）**早熟新黑田五寸** 自日本引入的胡萝卜品种。叶色深绿，叶长 68 厘米。根长 17 厘米，根粗 3.5 厘米左右，单根重约 0.19 千克，根皮、肉、心柱均为鲜艳的橙红色，品质好，肉质根圆柱形，根肩宽，整齐度高，胡萝卜素含量较高，肉质根脆甜，耐抽薹性强。中原地区适宜播期在 3 月上旬，大棚春播可提前到 2 月下旬，每亩产量在 2 500 千克以上。适合春播。

（26）**新黑田五寸参** 自日本引入的胡萝卜品种。生育期为 100～110 天，已在我国推广栽培多年。肉质根橙红色，根皮、肉、心柱色泽一致，长圆锥形。根长 18～20 厘米，根粗 3～3.5 厘米，单根重 0.11 千克左右，最大可达 0.8 千克以上。表皮光滑，质地脆嫩，味甜汁多。适宜鲜食或加工，是我国目前重要的保鲜出口品种。该品种春、秋两季均可栽培。秋季栽培每亩产量为 4 000～5 500 千克，最高可达 6 000 千克以上。

（27）**超级黑田五寸人参** 自日本引入的胡萝卜品种。生育期为 100～110 天。根形良好，肉质根深橙红色，上下粗度一致，收尾较好。根皮、肉、心柱色泽一致，根长 18～20 厘米，根粗 5 厘米左右，单根重 0.3 千克左右。表皮光滑，质脆，味甜，适于鲜食、加工和出口。平均每亩产量在 4 000～5 000 千克。春、秋两季均可栽培。

（28）**金港五寸** 自日本引入的胡萝卜品种。生长期短，耐热，抗病，叶丛直立，叶绿色，叶柄有茸毛。肉质根圆柱形，根长 14～18 厘米。根皮、肉、心柱均为红色，心柱较细，肉质根单根重 0.2 千克左右，最大可达 0.3 千克以上。生长期为 100 天，肉质紧密，味甜，水分适中，品质佳，生、熟食均可，每亩产量在 3 000 千克以上。适合春、夏、秋季栽培，特别是春季栽培，不易抽薹。

（29）**红誉五寸** 自日本米克多国际种苗有限公司引入。肉质根长锥形，单根重 0.08 千克。叶根比为 0.23，根长 14.9 厘米，根粗 3.6 厘米，每亩产量在 4 000 千克以上。肉质甜，味极浓，无中药（篙草）味，口感极佳，根皮、肉、心柱均为橙红色。生育期为 110～120 天。适合春、秋两季栽培，春播每亩产量在 2 500 千克以上。

（30）**红福四寸**　自日本引入的胡萝卜品种。叶小，根大，裂根少，不易抽薹。根色好，根长 16～18 厘米，单根重 0.15～0.2 千克。生育期 95 天左右，适合春、夏季栽培，每亩产量约为 2 000 千克。

（31）**春禧五寸**　自日本引入的胡萝卜早熟杂交品种。生长速度快，生育期为 100 天。抗病，不易抽薹。肉质根圆柱形，根长 20 厘米，单根重 0.3 千克左右。肉质鲜红，内外一致，不易裂根，商品性佳，为春、夏兼用的出口型品种。

（32）**丹富士**　自美国引入的胡萝卜品种。生长势中等，株高 56 厘米，叶丛直立。肉质根圆柱形，根长 14～18 厘米。根皮、肉、心柱均为橘红色，味甜、水分多，品质好。生、熟食皆宜，并适于加工，耐贮藏。适合春季播种，每亩产量为 1 000～1 500 千克。

（33）**红盛三红五寸**　澳大利亚最新选育的胡萝卜品种。植株生长势强，叶色浓绿。肉质根长 20～22 厘米，上部根粗 4.5 厘米左右。肉质根长圆柱形，尾部钝圆，表皮光滑，畸形根发生率低。根皮橙红，三红率极高，糖及各种矿物质营养成分含量高，肉质细嫩，品质极好。耐寒性强，春季栽培不易抽薹，是春、秋两季栽培的理想品种。

（34）**红丽**　圣尼斯种子有限公司的一代杂交种，鲜食、加工两用品种。干物质含量为 10%，含糖量约为 6%，表皮光滑，三红率高。中早熟，耐抽薹，长势强，抗病性强，适应性强，易栽培。根形美观，肉质根圆柱形，光滑均匀，颜色鲜红，须根少，无绿肩，商品性好。根长约 20 厘米，根粗约 4.5 厘米，单根重 0.2～0.25 千克，露土少，收尾快。生育期为 100～120 天，高产，每亩产量为 3 000～4 000 千克，适合加工或保鲜、脱水出口。

2. 适宜夏播的名优品种

夏播品种要求耐热、抗病、高产，主要抗链孢霉、叶疫病、软腐病、黑腐病、根结线虫病等。生育期为 110 天左右，中晚熟品种。根皮、肉、心柱均为鲜橙红色，心柱较细，根冠无绿肩，肉质根整齐。内外部品质好，含水量适中，适于冬季贮藏。单根重 0.2～0.4 千克，根长 17～25 厘米，根粗 3～6 厘米，每亩产量在 3 500～6 000 千克。

（1）郑参一号　郑州市蔬菜研究所育成的新型优良胡萝卜品种。株型半直立，裂小叶排列较密，株高中等，地上部生长势较强。肉质根圆柱形，商品率高，根长 20 厘米，根粗 5 厘米，根皮、肉、心柱均为鲜橙红色，心柱较细。单根重 0.3～0.4 千克，每亩产量为 4 000～6 000 千克。鲜食脆甜，更适宜加工。

（2）郑参丰收红　郑州市蔬菜研究所育成的三红棒状胡萝卜新品种。中早熟，生育期为 105 天左右。肉质根近圆柱形，顶小，畸形根少，根毛少，表皮光亮，根皮、肉、心柱均为红色，心柱细，商品率高。根长 20～25 厘米，根粗 5 厘米左右，单根重 0.3～0.4 千克，每亩产量为 4 000 千克左右，高产的可达 6 000 千克以上。品质优良，商品性佳，口感脆甜，是鲜食和加工的理想品种。在河南部分地区可用于春播，但需引种成功后再做推广。

（3）天红一号　天津市农业科学院园艺研究所育成的三系配套杂交品种。生育期为 100～105 天，植株生长势强。叶丛直立，叶色深绿，叶长 52.4 厘米，叶数 8～11 片。肉质根根形整齐，表皮光滑，呈圆柱形，根皮、肉、心柱均为红色。根长约 16.7 厘米，根粗约 3.2 厘米，平均单根重 0.12 千克，每亩产量为 3 500 千克左右。胡萝卜素含量为 113 毫克/千克，质脆，味甜，口感好。适合鲜食及榨汁，宜夏、秋季种植。

（4）天红二号　天津市农业科学院园艺研究所利用雄性不育三系配套技术选育出的一代杂交品种。植株生长势强，株高 60～65 厘米，叶丛直立，叶色深绿，叶数 8～10 片。肉质根圆柱形，根尖圆形，根形整齐，表皮光滑，根皮、肉、心柱均为橘红色，根长 18～20 厘米，根粗 3～4 厘米，单根重 0.15～0.17 千克，每亩产量在 4 000 千克以上。β - 胡萝卜素含量为 113.64 毫克 / 千克，干物质含量为 12.13%，可溶性固形物含量为 10.33%，加工品质优良。适宜夏、秋季种植。

（5）天红三号　天津市农业科学院园艺工程研究所培育的三系配套杂交品种。鲜食专用品种，肉质根具透明感，形状好，表皮光滑，口感脆甜，属小型精美的水果型蔬菜。植株生长势中等，株高 45 厘米，叶丛直立，叶色深绿，叶数 8～10 片。肉质根根形整齐，表皮光滑，呈圆柱形，根尖圆形，根皮、肉、心柱均为橙红色，根长 16～17 厘米，根粗 2.2～2.6 厘米，单根重约 0.07 千克。胡萝卜素含量约为 90 毫克 / 千克，味甜，口感好。适合夏、秋季种植，生育期为 80～95 天，每亩产量为 2 500 千克左右。

（6）京红五寸　北京市农林科学院蔬菜研究中心培育。黑五寸类杂交种，三红品种。肉质根圆柱形，根长 8～20 厘米，根粗 5～6 厘米。品质好，抗病性强。适合夏、秋季栽培，中早熟，生育期为 100 天，每亩产量为 5 000 千克，丰产性好。

（7）夏优五寸　北京市农林科学院蔬菜研究中心培育。鲜红五寸类杂交种，生育期为 100 天，中早熟，三红品种。耐热、耐旱，抗病性强，适合夏季播种。产量高，品质好。肉质根圆柱形，根长 20 厘米，根粗 5 厘米，单根重 0.25 千克，每亩产量为 4500 千克。

（8）红芯三号　北京市农林科学院蔬菜研究中心育成的胡萝卜品种。生育期为 100～110 天，根皮、肉、心柱均为深橙红色、心柱极细。胡萝卜素含量高，口感脆甜可口，可鲜食与加工。肉质根长圆柱形，根长 18～20 厘米，根粗 5 厘米。叶色浓绿，叶丛较小，呈半直立状。抗病性强，根形整齐，耐裂，畸根少，耐高温，每亩产量为 5 000 千克。

（9）**改良夏淞五寸** 北京市农林科学院蔬菜研究中心培育的夏莳鲜红类杂品种。叶呈浓绿色，皮、肉、心柱三红，品质极佳，是鲜食与加工的理想品种。根部吸肥性较强，肩部不容易变色，根形整齐一致。肉质根圆柱形，心柱细，皮光滑，收尾好，口感佳。根长 20 厘米，根粗 5 厘米，单根重 0.2～0.3 千克。耐热、耐旱，颜色深，着色快。适合我国大部分地区夏、秋季播种，中早熟，生育期为 100～105 天，每亩产量为 5 000 千克。

（10）**新红胡萝卜** 中早熟，生育期为 100～110 天，耐热性强，不易抽薹。肉质根长圆锥形，根长 18～20 厘米，畸根发生率低。肉质根皮、肉、心柱均为橙红色，心柱细。品质脆嫩，胡萝卜素、糖及各种矿物质营养成分含量较高，是鲜食、加工两用品种。

（11）**金红四号** 杂交品种，生育期为 120 天左右。生长势强，叶丛直立。肉质根皮、肉、心均为橙红色，肉质根圆柱形，根形整齐，根长 17.5～18.5 厘米，根粗 5～5.5 厘米，单根重约 0.27 千克，胡萝卜素含量为 81.4 毫克 / 千克。商品率高，品质好，适宜鲜食和加工。抗黑斑病，丰产，一般每亩产量为 4 500～5 500 千克。适宜我国北方地区夏、秋季栽培。

（12）**金红五号** 瓣化型雄性不育三系配套技术选育出的胡萝卜一代杂交品种，生育期为 120 天左右。植株生长势强，叶丛直立。肉质根圆柱形，根皮、肉、心柱均为橙红色，根长 17～18 厘米，根粗 5 厘米左右，单根重 0.25 千克左右，胡萝卜素含量为 96 毫克 / 千克。商品率高，品质好，是较为理想的加工品种，尤其适宜鲜榨汁。每亩产量为 5 000 千克左右，适宜我国北方地区夏播。

（13）**托福黑田五寸**　夏播专用品种，耐热、抗病、生长旺盛、根肥大。生育期为105～120天，肉质根近圆柱形，心柱小，三红率极高，根长约20厘米，单根重0.3千克以上。产量高，品质优良，市场性极佳。最适盛夏播种，春节前收获。也可用于晚夏播种，冬春收获。

（14）**日本黑田五寸人参**　自日本引入的早熟、耐热品种。叶色深绿，质脆甘甜，肉质根橙红色，皮、肉、心色泽一致，根长17厘米，根粗约4厘米，单根重0.35千克，生、熟食均可。需在"三伏"播种，收获期为10月底至翌年3月，不抽薹、不老化。每亩产量为4 100千克。除夏播外，也可以春播和秋播。

（15）**南韩新黑田五寸**　耐涝，抗寒性强。叶丛直立，根系肥大，圆柱形，尾部丰满。根长15～18厘米，单根重0.2～0.6千克。根皮光滑，红色，着色快，心柱红色。肉质密，味美。适宜播期为7月，11—12月收获，每亩产量为3 600千克。

（16）**改良新黑田五寸**　自日本引入的胡萝卜品种。肉质根短圆柱形，根长约20厘米，基部根粗4.5～5厘米。干物质含量约为10.1%，含糖量约为6%，胡萝卜素含量高，肉质柔软、多汁、味甘、口感极佳，商品性好，是适合榨汁加工出口和鲜食的健康食品。肉质根圆筒形，根部颜色浓，红肉、红心，肉厚、分布均匀，根长约22厘米，单根重0.2～0.3千克。晚熟，长势旺，根部肥大快，裂根少，耐热性极强，不易抽薹，适合夏季播种，生育期为100～110天。

（17）**黄胡萝卜**　在北京市分布较广，以通州区和大兴区等地种植较多。中熟品种，生育期为100～110天，植株较高、约70厘米，叶片大、浅绿色。肉质根长圆柱形，根长16～22厘米，表皮为黄色，肉质脆，水分较多，味略淡，品质中等，宜熟食。不耐贮藏，耐热性强，较抗病虫害，较耐干旱，适宜夏、秋季栽培，每亩产量约为3 500千克。

（18）**夏莳五寸**　自日本引进的胡萝卜品种。叶丛直立紧凑，适宜密植。根形整齐，根长18～20厘米，根粗5～6厘米，单根重0.3千克。品质极佳，口感及品质优于新黑田五寸，是鲜食与加工的理想品种。冬性强，耐抽薹，抗逆性强，可在春、夏季播种，比新黑田五寸早熟5～10天。

（19）**宝冠**　自日本引进的胡萝卜品种。耐热、耐病性强，低温下肉质根着色、膨大良好。根长可达20厘米，单根重约0.2千克。根皮、肉及心柱均为深橙色，商品率高。夏播生育期为110～120天，每亩产量可达4 500千克。

（20）**关东寒越**　自日本引进的胡萝卜杂交品种。中晚熟，耐热性极强，抗病性强。肉质根圆柱形，肉色鲜红，肉质厚，心柱细，外面光泽美观，裂根少。肉质根长18～22厘米，单根重0.25千克左右。我国大部分地区可夏、秋季栽培。

（21）**菊阳五寸人参**　自日本引进的胡萝卜品种。肉质根圆筒形，根长18～22厘米，根粗5～6厘米，单根重0.18～0.25千克。根皮深橙红色，肉、心柱均为红色。肉质细嫩，清脆香甜，品质好。抗黑斑病，抗热性强。生育期为100～110天，适合夏、秋季栽培。

3. **适宜秋播的名优品种**

秋播品种也要求耐热、抗病、高产，生育期为100～130天，中晚熟。根皮、肉、心柱为鲜橙红色，心柱较细，根头部无绿肩，肉质根整齐。内外部品质好，含水量适中，适于冬季贮藏。单根重0.2～0.6千克，根长20～25厘米，根粗4～6厘米，每亩产量为3 500～5 000千克。

（1）**宝鸡透心红**　陕西省宝鸡市陈仓区千河镇地方品种。叶绿色，三回羽状复叶，裂片披针形。叶数12～14片，叶丛半直立。肉质根圆柱形，根长11～18厘米，根粗3～4厘米，单根重0.1～0.2千克。表皮平滑，根皮鲜红，肉淡红，心柱细、橙色。关中西部地区生育期：秋播95～110天，春播120～130

天。抗病、抗逆性强。

（2）**岐山透心红**　陕西省宝鸡市岐山县地方品种。叶丛半直立，叶绿色，三回羽状复叶。肉质根锥形，上部粗，尾部尖，根长 12～20 厘米，根粗 2～3.5 厘米，单根重 0.1～0.15 千克。根皮鲜红色，肉红色。每亩产量为 2 000～3 000 千克。抗病性强，商品性好。

（3）**野鸡红**　陕西省关中地区农家品种。叶丛半直立，叶绿色，叶长 10～60 厘米，叶数 12～15 片。肉质根长圆柱形，根长 25～30 厘米，根粗 4～5 厘米，单根重可达 0.5 千克。外皮光滑，有光泽，根皮及肉均为红色。心柱粗，约为 1.3 厘米，浅红黄色。

（4）**西安齐头红**　陕西省西安市农家品种。叶丛半直立，叶绿色，株高约 50 厘米，叶长 40～50 厘米，叶宽 14～20 厘米。肉质根圆柱形，尾部钝圆，根长 18～23 厘米，根粗 3～4 厘米，单根重 0.12～0.2 千克。肉色鲜红，心柱黄色。晚熟，抗病、耐热、耐寒、耐贮藏，质脆、味甜、品质佳，生食、腌渍均宜。适于秋播，每亩产量为 2 600～3 300 千克。

（5）**南京长红**　江苏省南京市著名地方品种。植株半直立，株高约 50 厘米，开展度约为 50 厘米。叶片深绿色，三回羽状复叶，小叶细碎，狭披针形，有茸毛。叶柄绿色，基部带紫色，有茸毛。肉质根长圆柱形，尾部钝尖，根长 35 厘米，根粗 2.5 厘米，单根重 0.25 千克。根皮、肉均为橘红色，心柱细，肉质致密，汁少。晚熟，稍耐热、耐旱，抗病。宜生食、熟食、腌渍和脱水加工。生育期为 150～180 天，每亩产量为 2 000～3 000 千克。

（6）**南京红**　江苏省南京市城郊栽培普遍。晚熟，生育期为 150～180 天，较耐寒。叶色深绿，叶柄短，平展，叶数多。肉质根长圆柱形，根长约 30 厘米，根粗约 4 厘米，单根重 0.2～0.3 千克。尾端尖圆，根皮、肉均为橘红色，肉质致密，汁少，心柱较细，甜味较淡，品质中等，宜煮食或腌渍。

（7）**扬州三红**　江苏省扬州市地方品种，又名丁香胡萝卜。根皮、肉、心柱呈橘红色，肉质根长圆形，表皮光滑，尾部尖圆，根长 16～20 厘米，根粗约 2.5 厘米，单根重 0.07～0.2 千克。肉质致密，汁多，味甜而脆，品质较优。抗病力强，宜秋播，每亩产量为 2 000～2 500 千克。

（8）**黄胡萝卜**　江苏省南京市地方品种。植株半直立，株高 47 厘米，开展度为 40 厘米。叶片绿色，三回羽状复叶，裂片披针形。肉质根长尖圆锥形，根长约 22 厘米，根粗约 4.2 厘米，单根重约 0.15 千克。根皮、肉均为橙黄色，尾部钝尖。中晚熟，较耐寒。味甜、多汁、脆嫩，宜煮食。生育期为 120～140 天，每亩产量约为 2 000 千克。

（9）**济南鞭杆**　山东省济南市郊区地方品种。叶丛偏直立，叶绿色。肉质根长圆锥形，根长 20～26 厘米，单根重约 0.25 千克。根皮鲜红色，心柱黄红色，肉质致密。该品种适合秋播，生育期为 110 天，耐贮藏，适合菜用或腌渍。

（10）**蜡烛台**　山东省济南市郊区农家品种。叶丛直立，株高 35～45 厘米，开展度为 35 厘米左右。叶绿色，有功能叶 12～14 片。肉质根长圆锥形，根长 30～35 厘米，上部根粗 3～4 厘米，心柱细小，根皮、肉均为橙红色。肉质根顶小、突出，侧根很少。耐旱，耐瘠薄，适于夏、秋季栽培。

（11）**泰安小缨**　山东省泰安市郊区地方品种。叶丛偏直立，叶色深绿。肉质根长圆锥形，根长 22 厘米左右，单根重 0.25 千克左右，根皮、肉均为橙红色。该品种适合秋播，生长势强，生育期为 110 天，品质较好，适合熟食。

（12）**齐头黄**　内蒙古自治区西部农家品种。叶丛直立或半直立，绿色。肉质根短圆柱形，部分露出地面。根皮、肉均为黄色，肉质根头部黄绿色，表面光滑，根长 16～20 厘米，最大根粗 5～7 厘米，单根重 0.35～0.4 千克。心柱黄色，直径为

2.5～3.5厘米。生育期为120～130天，适应性强，病虫害少，耐寒、耐旱、耐贮运。

（13）**长沙红皮**　湖南省长沙市地方品种，又叫炮筒子。叶丛半直立，肉质根圆柱形，根皮、肉均为橙红色。根长约180厘米，根粗约3.8厘米，单根重0.1千克左右。适合秋播，每亩产量为1 500～2 000千克。

（14）**潜山红**　安徽省潜山县地方品种。生长势较强，叶数约15片，叶长20～30厘米。肉质根长圆锥形，小圆顶，根长30厘米，根粗3～4厘米，单根重0.15～0.2千克。根皮、肉均为橙红色，汁少、味甜、肉质细密。适合秋季栽培，生育期约为120天。

（15）**吉林地八寸**　吉林省名优地方品种。叶丛半直立，叶绿色，叶柄基部紫绿色。肉质根圆锥形，根长16～18厘米，根粗约3厘米，单根重0.06～0.08千克。根皮、肉、心柱均为橙黄色，心柱中等大小。适合夏、秋季栽培，中晚熟，耐寒性较强，贮藏性弱。根肉质疏松，风味中等，口感脆嫩，水分多，品质较好。

（16）**天津鞭杆红胡萝卜**　天津市名优农家品种。叶丛较直立，生长势强。株高30～35厘米，开展度约为30厘米。叶绿色，为二回奇数羽状全裂叶，叶长40～50厘米，叶宽5～6厘米，叶柄浅绿色。根长17～20厘米，根粗3～5厘米，肉质根长圆柱形，表皮光滑、橙红色，心柱占1/3，全部入土，单根重0.1～0.15千克。中晚熟，生育期为100天左右，耐寒、耐热性均较强，不易裂根，肉质根质地紧，含水分多，味甜，生、熟食或加工均可，品质上等。

（17）**兰州齐头红萝卜**　甘肃省兰州市地方品种。叶丛半直立，株高25～30厘米，羽状全裂叶，叶绿色，叶柄基部绿色，叶长45厘米，叶宽13厘米。肉质根长圆柱形，根长15～20厘米，根粗3～5厘米，根皮、肉为红色，心柱小、黄色，单根重 0.2 千克左右。中熟，生育期为 120 天左右，植株耐旱、耐寒、抗病虫能力强。根肉质细嫩，水分多，味甜，品质上等，耐贮藏。

（18）**威海小叶胡萝卜**　山东省威海市地方品种。叶丛半直立，小叶较小而少，叶片深绿色，叶柄绿色，最大叶长 45 厘米，叶宽 10 厘米左右。肉质根短、圆锥形，根长 14 厘米，根粗 3.5 厘米左右，根皮、肉为浅橙红色，心柱较小、浅橘黄色。根肩小，着叶短缩茎细而直，单根重 0.13 千克左右。中熟，生育期为 90 天左右。适应性强，抗病。肉质根水分含量中等，质地较细密，口感脆，风味浓，品质好，较耐贮藏。

（19）**小顶胡萝卜**　黄河故道地区的传统品种。叶丛绿色，叶长 50 厘米。肉质根短、圆柱形，根尾钝，单根重 0.26 千克左右，根长约 16.4 厘米，外观光滑，橙红色，心柱为黄色，非常细小，肉质细嫩紧实。与其他品种的显著不同之处在于根顶细小，俗称"有脖子"，肉质根深藏地下。适宜生食拼盘、熟食、腌制、酱制、干制。适合秋季栽培，每亩产量为 4 000 千克。

（20）**坡吴胡萝卜**　河南省杞县农家品种，栽培历史悠久。株高 53 厘米，叶丛半直立，叶绿色。叶长 33.3 厘米，叶宽 10.4 厘米。肉质根圆柱形，有小尾根，顶部稍细，突出呈雁脖状，根长 15 厘米，根粗 3～4 厘米，表皮紫红色，肉浅紫红色，肉质较脆，水分多，味甜，干物质含量占 8.85%，胡萝卜素含量也较高。单根重 0.1～0.15 千克，专供腌制用，是杞县酱胡萝卜选用的唯一加工品种。晚熟，生育期为 110 天左右，每亩产量为 1 500～2 000 千克。

（21）**上海长红**　上海市地方品种。叶丛半直立，叶数约 14 片。叶柄淡绿色。肉质根长圆柱形，根长 30～40 厘米，根粗 2.5 厘米以上，单根重 0.1～0.15 千克。表皮光滑，根皮、肉均为橘红色，心柱细，肉质细致，味较甜，多汁，品质好，宜熟食。中晚熟，生育期为 120 天左右，较耐热，耐寒性中等。

适合于秋播，春播易抽薹。

（22）**上海红胡萝卜** 上海市地方品种。叶丛直立，株高34.4厘米，开展度为25厘米。叶黄绿色，叶面茸毛少，叶柄浅绿色，着生茸毛。肉质根长圆柱形，根长24厘米，根粗约4厘米。根肩部大，根皮、肉均为橙红色，心柱小、橘黄色，单根重约0.15千克。晚熟，生育期约为100天。耐旱、耐寒，抗病虫性强，耐贮藏。肉质致密，脆嫩，水分中等，味甜，风味浓，品质好。

（23）**贵州红胡萝卜** 贵州省地方品种。叶丛半直立，叶色深绿，叶柄紫绿，根长约18厘米，根粗约3.7厘米，肉质根圆柱形，根肩部小，单根重约0.1千克，根皮红色，肉橙红色，心柱橘黄色，心柱细小。适合夏、秋季栽培，中晚熟品种，生育期约为110天，抗逆性较强，根肉质致密，口感脆嫩，水分含量中等，风味较浓，品质较好。

（24）**黑龙江一支蜡胡萝卜** 叶丛直立、绿色，叶柄浅绿色。根长15厘米左右，根粗3～4厘米，肉质根长圆柱形，根尾钝圆，根肩部中等大小，单根重0.1～0.2千克，根皮、肉、心柱均为橙红色，心柱中等大小。适合夏、秋季种植，生育期为110天左右，早熟，耐寒性强，抗病性强，耐贮藏，风味浓，口感脆嫩，根肉水分含量中等，品质好。

（25）**红参胡萝卜** 河南农业大学利用雄性不育三系配套技术选育出的一代杂交种。长势旺，叶色深绿，叶长55.2厘米。根长20.1厘米，根粗4.9厘米，单根重约0.3千克，根皮、肉、心柱呈鲜橙红色，品质好，肉质根圆柱形，根尾钝，整齐度高。胡萝卜素含量高，胡萝卜素含量为110毫克/千克，肉质脆甜。中原地区秋季适宜播期在7月中下旬，每亩产量为4 000千克，也适合春、夏季播种。

（26）**超级三红五寸** 黑田五寸人参胡萝卜改良品种。耐暑性和耐寒性强，抗病，肉质根生长快，产量高。叶直立生长，浓绿色。肉质根在低温条件下成色、成形能力强，根皮、肉、心柱均为橙红色，肉质根圆柱形，根尾钝。生育期为 110 天，可充分膨大，根长 18 厘米，单根重 0.2～0.25 千克，根形整齐，根尾钝，皮光滑。适合夏、秋季播种，每亩产量为 4 000 千克。

（27）**大禹特级三红**　来自河北省青县。叶丛较直立，肉质根呈长圆锥形，根长 20～25 厘米，根粗 4 厘米，根皮、肉、心柱均为橙红色，单根重 0.2～0.3 千克，生育期为 105～110 天。品质佳，适合秋播，每亩产量为 3 900 千克。

（28）**豫秀胡萝卜**　河南农业大学培育的常规品种。叶丛浓绿色，叶长 55 厘米。肉质根个头大、圆锥形，根尾钝，单根重 0.35 千克左右，根长 24 厘米，外观光滑，根皮、肉、心柱均为橙红色，肉质细嫩紧实。适宜生食拼盘、熟食、腌制、酱制、干制。适宜秋季栽培，每亩产量为 5 000 千克。

（29）**扬州红 1 号**　江苏农学院从日本新黑田五寸杂交种后代中选育出的优良品种，1991 年通过审定。植株半直立，株高 55 厘米，叶绿色，生长势强。中晚熟。肉质根长圆柱形，根长 14～16 厘米，根粗 3～3.5 厘米，心柱细小，单根重 0.1 千克左右，表皮光滑，皮、肉均呈深橙红色，外形美观，色泽鲜艳。质地脆嫩，味甜多汁。生育期为 100～130 天，每亩产量为 3 500～4 000 千克。该品种抗病性强，适应性广，耐盐碱，耐寒，抗根腐病。其肉质根可生食、熟食、脱水、加工，也可罐藏。

（30）**金红一号**　内蒙古农业科学院蔬菜研究所培育的杂交品种。叶丛直立，根皮、肉、心柱均为橙红色，根长 16～17 厘米，根粗 4.5～5 厘米，单根重 0.18～0.24 千克，每亩产量为 4 000～4 500 千克。该品种生长势强，品质好，抗病性强，耐密植，适应性强。目前已在内蒙古、天津、北京、辽宁、山西、新疆等地广泛推广。

（31）**大板三红七寸参**　抽薹晚，产量高，不裂根，不分叉，是脱水、榨汁、保鲜出口的优质胡萝卜品种，适宜春、秋两季栽培。根皮、肉、心柱均为红色，品质优，口感特佳。肉质根圆柱形，根长18～24厘米，根粗4～6厘米，单根重0.3～0.6千克。生育期约为100天，每亩产量为4 000～6 000千克。

（32）**青选黑田五寸** 植株长势强，抗性强，叶绿色。肉质根圆筒形，收尾好，表面光滑，根长20～21厘米，根粗5厘米，单根重0.3～0.35千克，根皮、肉、心柱均为深橘红色，心柱细，着色良好，肉质好。生育期为100～110天，适合秋播。

（33）**冬越鲜红五寸** 根部不露出地面、耐热、抗病和越冬性良好的五寸人参胡萝卜。植株长势强，容易栽培。根部鲜红色，典型三红品种，品质佳，根长约20厘米，越冬性强，不易腐烂。最适于冬播，翌年4月收获，也可用于暖地夏播冬收。

（34）**秀红两寸** 自日本引入的胡萝卜品种。肉质根长圆柱形，根长20厘米，根粗4.3厘米，单根重0.22千克，根皮、肉、心柱均为橙红色，肉质致密，风味中甜，水分含量中等。每亩产量为5 000千克。高产，抗病，畸根少，适宜加工。

（35）**金笋636** 自日本引入的胡萝卜品种。晚熟，生育期为150～155天。抗寒、耐热性强，不易抽薹。植株矮小，叶绿色，茎叶硬立，裂叶小，不易相互遮阴。肉质根近圆柱形，尾钝。三红品种，根皮、肉、心柱均为橙红色，口味佳。根长17～20厘米，根粗3.5～4厘米，单根重0.15～0.2千克，最重可达0.33千克。不易裂根，耐贮运，加工及鲜食商品性好，成品率高。一般每亩产量达5 000千克左右。

（36）**红心七寸参** 自美国引入的胡萝卜品种。中晚熟。根长20～25厘米，根粗5～8厘米，根皮、肉、心柱均为橙红色，单根重0.3～0.5千克，品质好，表现佳。

（37）**因卡** 自美国引入的胡萝卜品种。极早熟杂交种。株高40～50厘米，根长约17厘米，根顶部直径为3.8厘米，单根重 0.15～0.2 千克。根头大，根尾细而无尖。表皮光滑，肉色佳，鲜食与加工品质好。生育期为 80 天左右，较抗病，适合我国大部分地区秋播。

（38）东方红秀　东方正大种子有限公司从泰国引进的胡萝卜品种。植株长势强，叶绿色，叶丛半直立，株高约 40 厘米。肉质根圆柱形，根长约 20 厘米，根粗约 4 厘米，单根重约 0.15 千克。肉橙红色，肉质致密、脆、硬、味甜，胡萝卜味浓，品质优，是鲜食和加工的理想品种。表面光滑，无叉根。生育期约为 110 天，耐热性强，适合我国大部分地区秋播。

（39）红心钱泰来　欧洲栽培的鲜食优良品种。根长 16～20 厘米，根粗 4 厘米左右，根皮、肉均为橙红色，心柱甜度和色泽与韧皮部相似，味甜多汁，生、熟食均可，干物质含量较低，约为 8.7%。中熟，宜秋播，春播易抽薹。

（40）老魁　自欧洲引进的品种，由南特斯和钱泰来的杂交后代选育而成。叶丛较直立。肉质根长圆锥形，根长 20～25 厘米，根粗 3.5～4 厘米，根皮、肉均为红色，中心柱较粗，干物质含量在 15% 左右，味甜多汁，生、熟食均可。晚熟，生育期为 130 天左右，每亩产量为 2 000～2 500 千克。宜秋播，春播易抽薹。

第三章
胡萝卜栽培关键技术

胡萝卜属半耐寒性长日照植物，4～6℃种子即可萌动，但发芽慢，发芽最适温度为20～25℃。适时播种是获得胡萝卜高产、优质的重要条件之一。我国幅员辽阔，各地气候条件差异很大，几乎周年都有适于栽种胡萝卜的地域，播种期也大不相同。要根据胡萝卜植株生长期适应性强、肉质根膨大要求凉爽气候的特点，在安排播种期时，尽量使苗期在炎热的夏季或初秋，使肉质根膨大期尽量在凉爽的秋季，这样胡萝卜生长好、产量高、品质优。

胡萝卜主要是秋播露地栽培，各地几乎都能进行。北方地区一季生产半年供应，西北、华北地区多在7月播种，11月上中旬上冻前收获。东北及高寒地区从6月开始播种，其中东北南部在6月下旬至7月上旬播种，北部则在6月中下旬播种。胡萝卜可以从10月一直供应到翌年3—4月。江淮地区在7月中旬至8月中旬播种，长江中下游地区，一般在大暑与立秋间播种，以8月下旬为宜，播种稍迟的可在处暑播种，晚秋至翌年春天收获。华南地区在8—10月播种，翌年2—3月收获。高海拔地区应于5—6月播种，8—10月收获。

春播胡萝卜春播夏收，收获季节正好是胡萝卜供应淡季，现在全国各地都有栽培，效益可观。播种期的选择以当地地表下5厘米地温稳定在8～12℃时为宜。春播设施栽培一般采用地膜、拱棚、塑料大棚等，播种期比露地可提早 15～20 天。各种保护地栽培的播种早晚顺序是日光温室、塑料大棚（内有覆盖物）、塑料大棚、小拱棚，1—4 月播种，5—7 月采收。北方地区春季地膜加小拱棚或大棚设施栽培，1 月下旬至 2 月初播种，4 月下旬至 5 月初收获。春季地膜覆盖栽培，2 月下旬至 3 月初播种，5 月中下旬至 6 月收获。春播露地栽培，一般 3—4 月播种，6—7 月采收。西北、东北等高寒地区可在 4 月下旬至 5 月上中旬播种。华北地区北部在 4 月初播种，南部在 3 月下旬播种。京津地区在 3 月下旬至 4 月上旬播种。华中、华南地区在 3 月上旬播种。长江中下游地区在 3 月中下旬至 4 月上旬播种，上海地区在 2 月下旬播种。南方地区可适当早播。春播播种如果过早，土温太低，发芽迟缓，幼苗生长不健壮，还易发生先期抽薹；播种过晚，则生长后期易遇高温暴雨。

在设施栽培大面积普及的情况下，胡萝卜目前在全国各地均可栽培，有些地方一年四季均可栽培，但主要栽培模式仍是秋播露地栽培。各地区应根据栽培品种特性特征、各地自然条件以及当地胡萝卜的预收期来确定具体播期。

一、胡萝卜不同栽培模式下的栽培关键技术

胡萝卜不同栽培模式对土壤、茬口、种子、播种、栽培方法和间苗定苗的要求基本相同，具体要求如下。

1. 土壤选择

胡萝卜属根菜类蔬菜，首先要选择土壤环境好、无污染的区域种植。宜选择土壤肥沃深厚、土质疏松、富含有机质、地势较高、排灌方便的壤土或沙壤土，适宜 pH 值为 5～8。如果在质地较黏重的土壤上种植，需要增加农家有机肥的用量，或在翻耕时施入一定量的草木灰，进行土壤改良。

有机肥主要包括腐熟人畜粪尿、堆肥、厩肥、沤肥、绿肥、

饼肥、沼气池肥、泥炭和腐殖酸类肥料等。

（1）**粪肥** 各种粪肥都含有较多的有机质，如蛋白质、氨基酸、碳水化合物、核酸和各种酶等。人粪尿含有较多的氯离子，对忌氯的块茎、块根类作物施用过多，会降低淀粉和糖分含量。马粪、羊粪比较粗松，有机质含量较多，容易发酵分解，宜施于低温或黏性的菜园土。牛粪和猪粪含有机质较少，但组织细密，水分多，发酵分解慢，效力迟，最好施用在沙壤土和壤土里。

（2）**厩肥** 厩肥是家畜粪尿和各种垫圈材料混合积制的肥料。北方地区多用土垫圈，称土粪。南方地区多用秸秆垫圈，统称厩肥。新鲜的厩肥要经过腐熟才能施用。厩肥在土壤中能分解产生有机酸，含有较多的纤维素类化合物，可掩蔽黏土矿物上的吸附位，提高土壤中磷的有效性。厩肥中钾的利用率也很高，可达 60%～70%。

（3）**绿肥** 凡用作肥料的植物绿色体均称绿肥。绿肥作物适应性强，生长迅速。豆科绿肥作物可利用生物固氮来增加土壤氮素，非豆科绿肥作物不具备生物固氮能力，但能通过强大的根系吸收土壤深层中和水中的氮素并集中于体内，通过施肥而富集于耕作层中。翻压绿肥作物后，可使土壤熟化程度提高，耕性变好，土壤供肥和保肥能力都得到提高。

（4）**堆肥** 把杂草、落叶、秸秆、骨屑、泥土、粪尿等堆积起来发酵腐熟后制成的肥料称为堆肥。堆肥的性质和厩肥类似，有机质含量丰富，富含钾。

（5）**沤肥** 将垃圾、青草、树叶、厩肥、人粪尿、河泥等放在坑内，加水浸泡，经分解发酵制成的肥料称为沤肥。沤肥含腐殖质多。

（6）**秸秆** 秸秆直接还田，主要可以改善土壤理化性质，固定和保存氮素养分，促进土壤中难溶性养分的溶解。

（7）**沼气池肥** 将作物秸秆及人畜粪尿等有机物，投进沼气池中，进行厌氧发酵，产生沼气，一段时期后换料，所换出的沼渣和沼液统称沼气池肥。据研究，沼气池肥的氮、磷、钾含量和有机碳含量均高于堆肥、沤肥，所含速效养分高于厩肥，具有良好的改土作用，增产效果明显。沼液可以直接用于各种作物，特别是旱地作物。近年来，国家在农村大力推广沼气，农民受益匪浅。

（8）**泥炭**　各种植物残体在水分过多、通气不良、温度较低的情况下，未能充分分解，经长期累积，形成一种较稳定的有机物堆积层，并有泥沙等物质掺入，此堆积层就称为泥炭。泥炭富含有机质和腐殖酸，酸度较大，pH值为4.5～6，施入酸性土壤时要加入生石灰。泥炭具有较强的吸水性和吸氨力，是垫圈保肥的好材料。

（9）**腐殖酸类肥料**　这是以腐殖酸含量较多的泥炭、褐煤、风化煤等为主要原料，加入一定量的氮、磷、钾和某些微量元素制成，如腐殖酸钠和腐殖酸钾等。它可以改良土壤，尤其是对过黏或过沙的低产土壤；与化肥配用，可对氮、磷、钾及微量元素有不同程度的增效作用；对作物的生长有刺激作用，可促进种子萌发，提高种子发芽率；促进根系生长，提高根系吸收水分和养分的能力，增加分蘖或分枝，以及提早成熟；能够增强作物的抗旱能力。

（10）**饼肥**　各种含油分较多的种子，经过压榨去油后剩余的残渣用作肥料时称为饼肥。其富含有机质和氮素，并含有相当数量的磷、钾和各种微量元素，是优质有机肥，养分完全，肥效持久。适用于各类土壤。可作基肥和追肥用，作基肥用时宜在播种前2～3周碾碎后施用；作追肥用时必须经过腐熟。

2. 茬口要求

胡萝卜忌连作。生产中要合理轮作，就是利用寄主植物和非寄主植物的交替，切断寄生性病虫的食物链和破坏其赖以生存的环境，从而防治病虫害。同时可以均衡利用土壤中的营养元素，改善土壤理化特性，促进土壤中对病原物有拮抗作用的微生物的活动，使土壤肥力和土壤环境逐渐得到改善。

适合胡萝卜栽培的前茬作物地块，应是种植非伞形花科蔬菜的地块，最好不与根菜类蔬菜轮作，以防根结线虫的发生。前茬种过辣椒、早熟甘蓝、黄瓜、番茄、洋葱、大蒜、豆类、苜蓿、花生，或大田作物如小麦等作物的地块，种植胡萝卜的效果较好。

3. 种子选择

胡萝卜种子发芽率较低，主要跟种子特性有关。一是胡萝卜种子种皮革质，吸水性差，发芽比较困难。二是有的胡萝卜种子胚很小，生长势弱，发芽期长，出土能力差。三是开花时受气候影响，部分种子无胚或胚发育不良，造成发芽率较低。四是胡萝卜种子收获偏晚，有些地区夏播没有新种子可用，只能用隔年的陈种子，发芽率会更低；即使用新种子，因为新种子有一段休眠期，发芽率也较低。五是气候因素，春播时土温低，夏播时天气炎热，蒸发量大，土温高，易干燥，不能较好保证胡萝卜发芽的适宜环境条件。这些因素都造成胡萝卜发芽迟，发芽率低，进而造成缺苗影响产量。

胡萝卜种子寿命一般为4～5年，适用期为2～3年，买种子时尽量选择经过脱毛处理的干净光籽。种子千粒重一般为1.2～1.5克，品种不同，千粒重会有所差异。播种要选用新鲜种子。新、陈种子可通过闻气味、观察种仁颜色来辨别。新种子有辛香味，种仁白色。陈种子无辛香味，种仁黄色或深黄色。买种子时要注意包装上的种子纯度和发芽率，以确定种子用量。一般播种时每亩用种量为：条播0.3～1千克，撒播0.75～1.5千克，点播0.2～0.5千克，也可以先做发芽率试验来确定用种量。

4. 浸种催芽

胡萝卜可以直播，也可以浸种催芽播种。春播时地温低，不易出芽，生产上宜采用浸种催芽，方法如下：

（1）**温水浸种催芽**　常用浸种催芽法。方法是将优质干净的新鲜种子放入 30～40℃温水中浸种 3～4 小时，捞出后放在湿布中，置于 20～25℃条件下恒温催芽，保持种子湿润，一般每 12 小时用温水冲洗 1 次，2～3 天后待 50%～80% 的种子露白后即可拌湿沙播种。或者将种子放入 50～55℃温水中浸泡 25分钟消毒，捞出后在清水中浸泡 8～12 小时，然后沥干水分，用纱布包好，放在 20～25℃条件下催芽 5～7 天，定期冲洗种子，使温湿度均匀，当 50% 种子露芽后即可播种。

（2）**干湿交替法浸种催芽**　将种子放入容器内，种子量不超过容器的 2/3，在容器内注入种子量 70% 的水，充分搅拌，使种子浸水一致，加盖封闭 24 小时，然后再把种子平铺在报纸上，在室内任其自然干燥。干湿处理 1 次约需 2 天时间，如此处理 2次，效果最好。处理后的种子可直接播入大田。

（3）**药剂法浸种催芽**　选用优质、饱满的种子，一是用10% 磷酸三钠溶液浸泡 20 分钟，捞出洗净，置于 28～30℃条件下催芽，同时注意每天用清洁温水冲洗 1 次，待种子大部分露白后即可播种。二是用 75% 百菌清可湿性粉剂 800 倍液或50% 多菌灵可湿性粉剂 500 倍液浸种 30 分钟，捞出冲洗干净，再浸入清水中 3～4 小时，沥干后在 25℃条件下保湿催芽。催芽期间每隔 12 小时用清水将种子冲洗 1 次，4～5 天有大部分种子露白后即可播种。三是用 25% 过氧化氢溶液浸种 20～30分钟，捞出后用清水冲洗干净，用湿布包好催芽，待大部分种子露白后，与少量草木灰、细沙混匀播种。为提高发芽率，还可以用 50 毫克/千克赤霉素或硝酸钾溶液代替清水处理种子，效果更好。

5. 播种方法

胡萝卜播种方法有撒播、条播、点播及机械播种，方法如下。

（1）**撒播**　将种子均匀撒播于畦面，覆土厚 1 厘米左右。

播种后用耙子耙 2～3 遍，使地表平整，种子上部浮土要细碎。播完后用铁锹背轻拍畦面，使种子与土壤结合紧密。这种播种方法比较省工，但用种量偏大，每亩用种量为 0.75～1.5 千克，也可以先做发芽试验来确定用种量。一般株行距为 10～12 厘米。

（2）**条播**　在畦内或垄上划沟，顺沟播种，覆土厚 1 厘米左右。这种方法用种量较少，后期间苗也比较方便，但比较费工。每亩用种量为 0.3～1 千克。一般行距为 15～20 厘米，株距：中小型品种为 10～12 厘米、大型品种为 13～15 厘米。

（3）**点播**　在畦内或垄上划沟或开穴，顺沟按株距每穴播种 4～6 粒。每亩用种量为 0.2～0.5 千克，比条播用量少。株行距同条播。

（4）**机械播种**　种植面积大时适用此方法，播前调试好农机具，以确保下籽均匀，每亩用种量为 0.45～0.5 千克，掺种子量 5 倍的细沙或干锯末混播。行距 25～30 厘米，播深 1.5 厘米左右。播后用轻型机具镇压。

播种后，可以在畦面或垄面覆盖适量的秸秆或稻草，既可以保墒，又可以防止雨水冲刷土壤而造成出苗不整齐、不均匀。夏播温度高时，可在垄上或畦上搭遮阳网遮阴，促进早出苗。

6. 栽培方法

每种作物的栽培方法都要根据其生理特点和种植地气候、土壤等环境条件来确定。只有栽培方法适合，才能科学地创造适合作物生长的环境，得到高产优质的农产品。胡萝卜栽培时要整地做畦，目的主要是控制土壤中的含水量，便于灌溉和排水，同时对土壤的温度和空气条件也有一定的改进作用。胡萝卜的栽培方法一般有平畦、高畦和高垄栽培 3 种。

（1）**平畦栽培**　此法是指在土地耙平后，不做畦沟或畦面，即在平地面上进行胡萝卜栽培。适合于排水良好、雨量均匀、不需要经常灌溉的地区。平畦可以减少工作量，节约畦沟所占的面积，提高土地利用率，增加单位面积产量。这种方式一般在干旱和地下水位较低的地区（如华北）采用，南方多雨地区不宜采用。这种方法便于精耕细作，出苗整齐，容易保墒，但操作用工较多。

栽培方法：地耙平以后，起畦，平畦宽1～2米，长度随地况而定，不要过长，太长则不易整平畦面，浇水也不方便。畦埂宽约20厘米、高约15厘米。畦面要平整，表土要细碎。畦的一端设灌水沟，另一端设泄水沟。

采用此栽培方法应注意4点：第一，不要在低洼地或排水不良的土地上使用这种方法栽培。第二，此方法不利于机械覆土操作，定苗以后要人工覆土。第三，最好采用条播方法播种，以便于进行除草、间苗、覆土和收获等操作。第四，畦的大小依土壤平整情况、灌水方法、当地习惯等具体情况而定，只要能保证水分供应和便于操作即可。

（2）**高畦栽培** 高畦的畦面高于地面，能够提高土壤温度，降低土壤表面湿度，增厚耕作层。畦面宽1～3米，高15～20厘米，畦面较宽时可以在中间开一浅沟，以便于操作和排水。长江以南降雨充沛、地下水位高或排水不良的地区，多采用此法。此播种方法利于排水，栽培地域主要在南方的山沟等处的台田、坝子田和稻田等，不利于大面积栽培。

做畦的关键是畦的四周低于畦面15～20厘米，便于排水，但是应注意3点：第一，畦的高度超出水位35厘米以上，保证肉质根膨大后不被水浸泡。第二，此方式栽培的胡萝卜由于不便于灌溉，一般仅靠降雨，所以胡萝卜品质较差，多数只供当地消费。第三，应采用条播，便于进行除草、间苗、覆土和收获等操作，同时适宜多行种植。

（3）**高垄栽培** 高垄可以说是一种狭窄的高畦。优点是可使表土集中，养分集中，经过开沟起垄可集中地表肥土层，加大昼夜温差，提高土壤疏松度和透气性，有利于根系对肥水的吸收，促进根系的发育；能克服平畦漫灌、土壤板结的弊病，可提高土壤疏松度和保水能力，有利于早出苗和出全苗，达到旱能灌涝能排，使土壤处于湿润疏松的良好状态，比其他栽培方式更有利于提高胡萝卜商品性。例如土层较薄、多湿、排水稍差、土壤质地较黏重的地块，就宜做高垄栽培。北方地区平畦栽培虽然比较省人力，单位面积产量较大，但胡萝卜单根重一般，而且不太稳定，商品性不及高垄栽培。高垄栽培在整地、打埂时便于机械化播种、管理和收获，用工较少。同时由于采用垄上播种，相对加深了肉质根生长的土层深度，而且叶下部空气流通，排水良好，土壤透气性好，可减少病害的发生，有利于胡萝卜地上部和地下部的生长，能使胡萝卜裂根减少，商品率高，优质高产。因此，目前北方和南方大部分地区都提倡高垄栽培。

栽培方法：先按 25～30 厘米的深度全层翻耕，再按 15 厘米的高度起垄，垄距 40 厘米左右，做平垄顶后开单沟播种。

高垄栽培应注意 4 点：第一，最好单行种植，双行种植时肉质根易弯、长不直。第二，由于行距大，株距要小，一般 5～6 厘米即可，保证每亩留苗 28 000～30 000 株。第三，不可在干旱少雨季节或干旱少雨地方使用，特别是播种期干旱时更不能采用此方式。第四，机械覆土时，注意不要覆土过多，以免压住苗心，影响其正常生长。

总之，北方少雨地区多采用平畦、高垄栽培，南方多雨地区多采用高垄、高畦栽培，各地要根据具体地况决定胡萝卜的栽培方式。

7. 间苗定苗

早间苗、稀留苗，是胡萝卜高产的关键。如果间苗过迟、留苗过密，会使叶柄伸长，叶片细小，叶面积减少，光合能力降低，而且下层叶片易衰亡枯落，肉质根不能长大。所以，齐苗后，一般要间苗 2 次，1～2 片叶时进行第一次间苗，苗间距为3～4厘米。间苗是一项细致工作，必须注意选苗、留苗。去掉小苗、弱苗、过密苗、叶色特别深的苗、叶片过厚而短的苗，因为这些苗多形成畸形根，或肉质根细小。倒伏苗及带有病害的杂苗、劣苗都应去掉。在3～4片叶时进行第二次间苗，苗间距为5～8厘米。结合间苗，除净杂草，并在行间浅锄，以使表土疏松，便于保持土壤水分，促进幼苗生长。在4～6片叶时进行定苗，中小型品种苗间距为8～12厘米，大型品种苗间距为13～15厘米。结合定苗进行第二次中耕除草，这时中耕可浅些，以免伤害根部。

大面积机播的间苗工作，可采用钉齿耙横向耙地。耙掉过密的幼苗和杂草，并疏松土壤。胡萝卜应适当密植，不仅能充分利用营养面积，提高单位面积产量，而且还能减少不正常根的发生。因为在密植的情况下，由于受到邻株根系的阻碍，侧根不易发育，大量的营养物质便集中于主根，使之肥大，并减少叉根的发生。

8. 田间除草

胡萝卜播种季节，正是高温雨季，杂草滋生很快，而胡萝卜发芽较慢，幼苗生长迟缓，杂草往往丛生形成草荒，严重影响幼苗的生长，所以除草是一项非常重要的工作，要综合防除，主要有以下两种方法。

（1）农业措施除草　第一，田地要深翻晒垡，打碎平整，减少土壤中的杂草种子，控制杂草的种群数。第二，施用腐熟的有机肥，减少混在肥料中的杂草种子萌发对胡萝卜的危害。第三，精选和浸泡胡萝卜种子，剔除混在其中的杂草种子。第四，混播小白菜种子，既可以减少杂草对胡萝卜的危害，又可以采收速生性白菜，增加收入。第五，胡萝卜生长过程中尽量选用人工除草，特别是间苗、定苗时进行人工除草。

（2）化学除草　在规模化种植胡萝卜的地区，若草害较重、人工不足时，可进行化学除草。有3个除草适期：一是播前土壤处理，可用除草剂氟乐灵、仲丁灵等。二是播后苗前土壤处理，可用除草剂扑草净、禾草丹、利谷隆、豆科威、丁草胺等。三是苗后禾本科杂草3～5叶期进行茎叶处理，可用除草剂喹禾灵、吡氟禾草灵、高效氟吡甲禾灵等。常用除草剂的特征介绍如下。

①48%氟乐灵乳油　主要防除马唐、牛筋草、稗草、狗尾草、千金子等多种一年生禾本科杂草，对藜、蓼、苋等小粒种子的阔叶杂草有一定的防除效果，对莎草和多种阔叶杂草无效。用法：播前进行土壤喷雾处理，每亩用100～150毫升，施药后混土2～3厘米深。

②48%仲丁灵乳油　可防除稗草、牛筋草、马唐、狗尾草等一年生单子叶杂草及部分双子叶杂草。用法：播前进行土壤喷雾处理，每亩用200毫升，施药后混土2～3厘米深。

③50%扑草净可湿性粉剂　对一年生单、双子叶杂草均有良好防效，藜、苋菜、马齿苋对此药敏感，稗草、狗尾草、马唐和早熟禾在生长早期对此药敏感。用法：播后进行土壤处理，每亩用100克，也可以在胡萝卜1～2叶期用药。土壤湿度大有利于药效发挥。

④50%禾草丹乳油　防除多种一年生单子叶杂草，如稗草、牛毛草、三棱草、马唐、狗尾草、牛筋草、看麦娘等；防除双子叶杂草，如蓼、繁缕、马齿苋、藜等。用法：播后苗前进行土壤处理，每亩用300～400毫升。

⑤25%利谷隆可湿性粉剂　对单、双子叶杂草及一些越年生和多年生杂草都有良好防效，尤其对双子叶杂草防效更好。用法：播后苗前进行土壤处理，每亩用0.25～0.4千克。施药后不要破坏土壤表层。

⑥20%豆科威水剂　防除马唐、稗草、看麦娘、苋菜、藜等多种一年生禾本科杂草和部分阔叶杂草，对刺儿菜、苦荬菜等多年生杂草有一定抑制作用。用法：播后苗前进行土壤处理，

每亩用 700～1 000 毫升。

⑦ 50% 丁草胺乳油　防除以种子萌发的禾本科杂草、兼治一年生莎草科及部分一年生阔叶杂草，如稗草、千金子、异型莎草、碎米莎草、牛毛毡等。对鸭舌草、节节菜、尖瓣花和萤蔺等有较好的预防作用。每亩用乳油 100～150 毫升兑水 50 升进行喷雾。

⑧ 33% 二甲戊灵乳油　主要防除单子叶杂草。用法：每亩用乳油 150～200 毫升兑水 40～50 升喷雾，沙质土壤必须用低剂量。

⑨ 10% 喹禾灵乳油　可防除禾本科杂草，如稗草、牛筋草、马唐、狗尾草等，对阔叶杂草无效。用法：苗后禾本科杂草 3～5 叶期，每亩用 50～70 毫升进行茎叶喷雾。

⑩ 35% 吡氟禾草灵乳油　防除禾本科杂草有特效，对阔叶杂草无效。用法：苗后禾本科杂草 3～5 叶期，每亩用 75～125 毫升进行茎叶喷雾。

⑪ 20% 烯禾啶乳油　防除禾本科杂草有特效，对阔叶杂草无效。用法：苗后禾本科杂草 3～5 叶期，每亩用 100～125 毫升进行茎叶喷雾。

⑫ 10.8% 高效氟吡甲禾灵乳油　防除禾本科杂草有特效，对阔叶杂草无效。可防除牛筋草、马唐、稗草、狗尾草等一年生禾本科杂草。用法：苗后禾本科杂草 3～5 叶期，每亩用 20～35 毫升进行茎叶喷雾。

正确使用除草剂应注意如下事项：查清当地农田的杂草种类，选择合适的除草剂。要认真阅读除草剂对胡萝卜的用量范围，应取低剂量或中等剂量，禁用高剂量。根据除草剂种类进行土壤或茎叶喷雾处理，选择晴朗无风的天气为好，避免在高温时间喷洒，喷药次数以一次为佳，喷洒要均匀。喷药时必须保持畦面湿润，以便于形成药膜，最大限度地发挥除草剂的药效。如果胡萝卜幼苗发生了除草剂药害，若发现早，可迅速用大量清水喷洒叶面，反复喷洒2～3次。也可以迅速灌水，防止药害范围继续扩大。还可以迅速增施尿素等速效肥料，以增强胡萝卜的生长活力，加速其快速恢复的能力。

二、秋季露地栽培关键技术

秋季露地栽培是胡萝卜栽培的主要方式，我国大部分地区的胡萝卜栽培主要是夏秋播种，初冬收获。秋季露地胡萝卜以幼苗期度过高温季节，肉质根膨大期处于凉爽季节，温度由高到低符合胡萝卜各个生长阶段对温度的要求，所以生长旺盛，品质好，产量高，耐贮存。产品除当季供应外，大部分用于冬季贮藏于冬春季节供应市场，供应期长达6～7个月。南方冬季气候温和的地区则可秋季播种，田间越冬，翌年春天收获。由于各地气候条件的差异，播种期和收获期略有不同。一般在长江中下游地区，秋季露地胡萝卜播期最好在7月中旬至8月初播种，华南地区可延迟到10月中下旬播种，高寒地区可提前至6月中旬至7月上旬播种。

1. 栽培环境

胡萝卜的肉质根肥大，主根发达，侧根较多，根系的分布较深，要选择地势高燥、土层深厚、土质疏松、保水能力强、排水良好、富含有机质的沙壤土或壤土。土壤pH值小于5时，易生长不良。整地必须深耕细作，使深层土壤疏松细碎，以促使播种后发芽整齐一致，根系发育良好。翻地深度一般为25～30厘米，对于长根形胡萝卜品种要采用起垄栽培或深翻。整地时要施足基肥，最好使用腐熟好的堆肥或用土粪作基肥，结合深耕整地施基肥，每亩施用基肥2 500～3 000千克。茬口安排多以甘蓝、大葱、大蒜、马铃薯、黄瓜、番茄等蔬菜作物作为前茬，粮区则以小麦、玉米等粮食作物作为前茬。前茬收获后及时清洁田园，耕翻晒垄。胡萝卜平畦栽培的整地规格为畦宽 1～2 米，株距 10～13 厘米，行距 20～25 厘米。胡萝卜高垄栽培的整地规格为：垄距 60 厘米，垄高 10～15 厘米，垄顶双行开沟播种，小行距 20 厘米，大行距 40 厘米，株距 10 厘米。

2. 品种选择及播种

宜选择生长期较长、株型高大的丰产品种，例如日本的新黑田五寸系列。目前可供选择的秋播优良胡萝卜品种已非常丰富，品种繁多，可选范围广泛，尤其是杂交种更受欢迎。凡是适宜春、夏播种的胡萝卜品种都适合在秋季播种。

胡萝卜的种子多为果实。由于种皮上成排密生刺毛，易使种子相互缠结成团，因此播种前要将刺毛搓去，以便播种均匀，与土壤接触紧密。选择质量好的新种子进行干种子直播，胡萝卜种皮革质，具有油腺，含有挥发油，因而透水性差，不易吸水膨胀，致使种子发芽缓慢，一般种子播入土中 5～7 天出苗。也可浸种催芽后播种。播种方法可采用平畦或高垄条播形式，行距 15～25 厘米，沟深 1.5～2 厘米，将种子均匀播入沟内，覆土耙平，用脚踩一遍，然后再浇一遍透水，每亩用种量为 1～1.3 千克。进口种子可采用穴播或点播。播后到出苗要求保持土壤湿润。在播种时可掺入 2%～5% 的小白菜种子，为出苗后的胡萝卜幼苗遮阴。播种后最好以稻草、秸秆覆盖或适当遮阴，可保墒、降温、防大雨冲击等，有利于出苗，出苗后陆续撤去覆盖。

3. 栽培技术要点

胡萝卜秋季露地栽培的播种时间正是高温期，垄面容易干，出苗易不齐。出苗期间常有大雨，容易冲刷垄面或畦面的种子，造成缺苗断垄。因此，播种后 7 天左右要勤于进行田间观察，出苗前遇雨要及时破除板结，发现田间缺苗断垄要及时补种，确保全苗。出苗时期，因气温高，杂草生长快，应及时进行中耕除草，保持土壤湿润。由于气温高，水分蒸发快，一般要浇水 2～3 次。

胡萝卜苗期生长缓慢，第一次间苗在苗高 3 厘米左右、1～2 片真叶时进行。拔去过密苗、弱苗、叶色特别深的苗、叶片及叶柄密生粗硬茸毛的苗、叶数过多的苗、叶片过厚而短的苗，留苗距 3 厘米左右。间苗要及时，间苗过晚容易形成弱苗，导致病害的发生。结合间苗进行人工除草。第二次间苗在苗高 13 厘米左右、幼苗 3～4 片真叶时进行。此时健苗、劣苗容易区分，也可进行定苗。定苗株距：中小型品种为 10～13 厘米，大型品种为 13～17 厘米。适度密植能提高产量，并能降低畸根率。此期间，为了满足幼苗生长需要，必须浇水。每浇一遍水就要中耕一次。幼苗期需水量不大，并且由于处于高温多雨季节，要根据降雨情况酌量浇水和雨后排涝，使土壤见干见湿，不宜过多浇水。灌水或降雨之后要中耕，防止土壤板结，以增强土壤通气性，促使主根向土壤深处伸长。当胡萝卜苗龄达到 40～60 天时，及时追肥，以氮肥为主，促进叶片生长。施肥量不宜过多，一是苗小需肥量少，二是胡萝卜幼苗只能适应 0.5% 的土壤溶液浓度。土壤溶液浓度过大，会引起根尖烧死，增大畸根率。

胡萝卜叶片生长盛期，肉质根生长量较小，应适当控制浇水，防止叶部徒长。通过控制浇水的方法，使胡萝卜地上部与地下部平衡生长。如果此期浇水过量，将引起叶部疯长，反而形成细小的肉质根。这个时期中耕不宜深，每次中耕应注意培土，最后一次中耕于封垄前进行，并将细土培至根头部，以防根部膨大后露出地面，皮色变绿而影响品质。

胡萝卜肉质根膨大期是需肥、需水最多的时期，要及时灌水，使土壤经常保持湿润状态。此期水分供给不足，肉质根的木质部容易木质化且侧根增多；灌水过多，易引起肉质根腐烂；灌水不匀，肉质根易开裂，严重降低产量和品质。所以，适时适量浇水，是提高胡萝卜产量和品质的关键技术。这个时期是需肥重点时期，胡萝卜的追肥以速效性肥料为好，要追肥 2～3 次。当肉质根长到约手指粗时，进行第一次追肥，每亩施硫酸钾 10～15 千克和三元复合肥 15～20 千克。追肥方法以结合浇水冲施为宜。之后间隔 15 天进行第二次追肥，再隔 15 天追第三次肥，施肥量与第一次相同。

4. 收获

在肉质根充分膨大后的晴天收获。收获的标准有多种方法，最实用的方法是根据品种生育期来确定收获期。收获过早，降低产量和品质；收获过晚，肉质根容易硬化或遭受冻害不耐贮藏。秋播胡萝卜收获时气温已下降、水分蒸发慢，浇水要根据土壤墒情而定。

胡萝卜采收时，应注意 3 点：第一，采收前适当控水。胡萝卜采收前 3～7 天，不宜大水漫灌、施肥料、喷洒农药等。适当控水可提高产品的耐贮性，较少腐烂，延长采后的保鲜期。第二，采收时要注意防止机械损伤。胡萝卜采收时要轻拿轻放，尽量避免机械损伤，否则会引起微生物的侵染导致腐烂。在采收过程中还应剔除畸形、发育不良和有病虫害的胡萝卜，从而保证待贮胡萝卜的整齐性。第三，采收后的胡萝卜应避免受到日晒和雨淋。

三、春季露地栽培关键技术

春季露地胡萝卜栽培是在春季播种、夏季收获的一种栽培方式，属于反季节栽培。在夏季，日本、韩国等国家需要大量的胡萝卜，为了满足出口需要，我国近年来春胡萝卜栽培面积逐渐增加。并且随着生活水平的提高，人们对反季节蔬菜的需求增加，也逐渐兴起反季节栽培形式。山东、河南等地春胡萝卜产品大量运往北京、上海及国外，成为农民致富的新项目。

1. 栽培环境

前茬以番茄、甘蓝、白菜、茄子、豆科作物以及越冬菠菜为好。选择土层深厚、肥沃、排水良好的壤土或沙壤土栽培。前茬收获后，在冬前进行秋翻晒垡，深耕 25～30 厘米，去除土壤或基肥中的砖块或石块等。开春土壤化冻后尽早整地，播种前结合施基肥再深耕 1 次，要求基肥均匀施入距表土 6 厘米以下的土层，然后细耙 2～3 遍，使土壤疏松细碎。每亩施充分腐熟的优质农家肥 3 000～4 000 千克、硫酸铵 10～15 千克、草木灰 100～150 千克、锌肥 1～2 千克。耕耙整平后，做成高 5 厘米、宽 0.8 米的畦，沟宽 20 厘米。

2. 品种选择及播种

春播胡萝卜对品种的选择十分严格，宜选用冬性强、不易先期抽薹、耐热、抗病的早熟或中熟小型优良品种，尽量在炎夏到来前使肉质根基本膨大，达到商品采收标准。选择根皮、肉、芯柱颜色一致的橙红色品种，适宜出口。我国许多优良地方品种不适宜做春季栽培。

选用新鲜的脱毛后的干净种子播种。可以直播，也可以浸种催芽播种。因胡萝卜种子特性，种子发芽率较低，一般在 70% 左右，所以可浸种催芽后播种，以提高发芽率。一般采用温水浸种催芽法，待种子露白时即可播种。

春季露地胡萝卜播种过早易抽薹，播种过晚会导致肉质根膨大期处在 25℃ 以上的高温雨季，易造成肉质根畸形或沤根。胡萝卜肉质根膨大的适宜温度在 18～25℃，因此，在选用耐抽薹春播品种的前提下，可在日平均温度 10℃ 与夜平均温度 7℃ 时播种。在长江中下游地区，一般春季露地播种适期为 3 月上中旬，利用塑料小拱棚或塑料大棚，播种期还可适当提前。

春季露地胡萝卜播种采用干种子直播，易于管理。平畦露地栽培，按照行距 20～25 厘米开沟，深 2 厘米，然后沿行均匀地将种子撒入沟内，覆土踏实。小高垄栽培，在垄上按照行距

20厘米开1.5～2厘米深的沟，播种盖土，然后再浇水即可。畦面和垄面的土壤要细碎平整。

3. 栽培技术要点

春季雨少、温度低，胡萝卜种子播种后覆上地膜，不但能提高地温，而且能保湿，有利于早出苗。一般若温度适宜，7天即可出苗；若遇阴天，10天才能出苗。出苗后及时破膜放苗。苗期除非特别干旱，一般不浇水，浇水掌握"见干见湿、少浇水"的原则。苗齐后，要早间苗、留匀苗，1～2片真叶时进行第一次间苗，留苗株距3厘米。3～4片真叶时进行第二次间苗，留苗株距5～6厘米。4～5片叶时定苗，留苗株距10～12厘米。春播胡萝卜间苗要及时，在播种后30天内要完成，尽量留壮苗去弱苗。间苗时最好采用掐苗的方法，以防间苗时松动土壤，造成根系损伤，引起死苗、叉根，影响产量和品质。胡萝卜间苗、定苗后均追肥浇水，然后中耕松土，保持地面疏松无板结，消灭杂草。一般中耕2～3次，有利于保墒、提温，促进根茎生长。原则上是"一遍浅一遍深，一次一次远离主根"。植株封垄前进行最后一次深中耕培土，防止根头外露变绿，影响商品性。

胡萝卜叶片生长盛期要适量浇水，使土壤不过于干旱，忌勤浇水，影响土壤通气性，对根的下扎生长不利。适当控水，可防叶徒长。对于肥力不足的地块，结合浇水，每亩可追施10千克三元复合肥和10千克尿素。当每株叶片数达12～13片时，植株生长重心转入地下部生长。

肉质根膨大期的气温已开始升高，对肉质根品质有不良影响，因此要勤浇水，保持地面湿润，降低地面温度。随着肉质根增大，有些根头露出地面变绿，影响品质，培土不仅能改善根头部颜色，更重要的是能起到降低根头部温度的作用，使整个肉质根品质提高。肉质根膨大期需肥量大，可追肥1～2次。每亩施三元复合肥25千克或硫酸钾7千克、尿素7～10千克，利于提高产量。

4. 收获

一般在播后 90～110 天适时收获，可分期分批采收。早熟品种可从 6 月上旬开始收获。6 月底气温逐渐上升到 30℃以上，温度过高会抑制肉质根的膨大，影响肉质根的品质，可全部采收。收获后经预冷贮存于 0～3℃冷库中，可供应整个夏、秋季节。

四、微型胡萝卜栽培关键技术

微型胡萝卜又称袖珍胡萝卜、迷你胡萝卜，也有人称为水果胡萝卜，是伞形花科胡萝卜属两年生草本植物中的小型品种。近几年来，微型胡萝卜在日本和西欧国家风靡一时，我国有少量栽培，主要用于出口。微型胡萝卜肉质根外形小巧，表皮颜色鲜艳，肉质根长 10～20 厘米，根粗 1.5～2.5 厘米，根重 15～30 克，有圆锥形、圆柱形和圆球形 3 种根形；肉质细腻，口感脆甜，适宜生食，并且食用方便，营养价值高；成熟早，栽培容易，从播种至采收只需 50～70 天，耐贮藏。目前产品主要供应宾馆、饭店、超市和作为装箱礼品菜。

1. 栽培季节

华北地区保护地内可以在春季、秋季和冬季种植。在露地可以春、秋季种植。在高寒山区、冷凉地区可以在夏季露地种植。春季播种应该在 10 厘米地温稳定在 10℃以上时进行，春季日光温室栽培在 2 月上旬以后，春大棚栽培在 3 月上中旬，春露地栽培一般在 3 月下旬至 4 月上旬播种。秋露地栽培在 8 月上旬至 9 月上旬，秋日光温室在 9 月以后可以陆续播种，高寒山区、冷凉地区夏季在 5—7 月播种。一般在播种以后 50～80 天采收。

2. 栽培环境

微型胡萝卜适宜在土层深厚、疏松肥沃、排水良好的沙土地块种植，每亩用充分腐熟有机肥 2 000～3 000 千克、草木灰 100 千克、过磷酸钙 10～20 千克。耕深 20 厘米以上，表土要耙细、耙平，将土壤中的石块、砖头、塑料、残根等异物拣出，按 1.3～1.5 米的间距做成小高畦，畦面宽 90～110 厘米，畦高 15～20 厘米。沙质土壤也可采用平畦的种植方法。

3. 品种选择

选择微型鲜食品种，如长形品种有小甜宝、三寸人参，近圆形品种有红小町人参、小丸子。

（1）**小甜宝**　由日本引进的品种。株高 25 厘米，开展度 30 厘米。叶片疏小，绿色，叶柄长 15 厘米，宽 0.5 厘米，浅绿色，茸毛少。肉质根圆柱形，末端较圆，长 12～14 厘米，横径 1.5～2.5 厘米，皮较光滑，橙红色，心柱较细，侧根很少。口感脆甜，可生、熟食兼用，也可蜜渍腌制加工。稍耐热、耐寒。一年四季均可种植，播种至收获需 60～80 天。

（2）**三寸人参**　由日本引进的品种。肉质根短圆锥形，长 10 厘米左右，顶端直径约 2 厘米，皮、肉都是鲜红色，口感甜脆，属于早熟品种，播种至收获需 50～70 天。

（3）**红小町人参**　由日本引进的品种。肉质根球形，直径 3 厘米左右，单根重 20～30 克，皮、肉都是红色，品质好，口感甜脆，属于早熟品种，播种至收获需 50～70 天。

（4）**小丸子**　由北京市农业科学院蔬菜中心选育的品种。肉质根圆球形，直径 3～4 厘米，皮、肉都是红色，重 20～30 克，早熟，耐抽薹性好，播种至收获需 60 天左右。

4. 栽培技术要点

微型胡萝卜播种量为每亩 0.25 千克左右。直播，播种前晒种 1 天。可以浸种催芽后再播种，用 30℃温水浸种 2～4 小时，捞出后用纱布包好置于 20～25℃条件下催芽，2～3 天后露白时播种。用浸种催芽的种子播种，要先浇底水，待水渗下后再播种覆土。也可干籽直播、条播或撒播，条播行距 15～20 厘米，开沟 2～3 厘米深，播种后覆土 1.5～2 厘米厚。早春播种后要覆盖地膜，出苗率 70% 时揭去。在风多、干旱地区以及夏秋露地播种后可覆盖一层麦秸，起到降温、保墒、防暴雨冲刷的作用，苗出齐时撤去。

及时进行田间管理，在幼苗 2～3 片真叶时进行第一次间苗除草，株距 3 厘米左右，在行间浅中耕松土，并拔除杂草，促使幼苗生长。在幼苗 4～5 片叶时，结合中耕除草进行定苗，去除过密株、弱株和病虫危害株，株距 6～8 厘米。最后定苗时保持行距 15～20 厘米，株距 10 厘米左右。

冬春保护地种植在浇足底水后苗期尽量少浇水，以防茎叶徒长。肉质根开始膨大时至采收前 7 天，应及时浇水，但不要一次浇水过大，以小水勤浇为宜，保持土壤湿润。夏秋季节播种至出齐苗要隔 1～2 天浇一次水，以利于降低地温，雨后及时排水防涝。出苗后至肉质根膨大期少浇水，肉质根膨大期要隔 5～7 天浇一次水。

种植微型胡萝卜时，如施用的基肥数量充足可以不必追肥，如施用的基肥数量少应在肉质根膨大初期追肥一次，在行间开沟每亩追施三元复合肥 15～20 千克、硫酸钾 10 千克。生长期间，叶面喷肥 0.3% 磷酸二氢钾 2～3 次。

在保护地种植要随时调节温度和光照，使其在适宜的环境条件下生长，在不同的生育阶段采用不同的温度管理。肉质根膨大期的适宜温度为白天 15～23℃，夜间 13～15℃。冬春季节要采取保温措施，经常清扫和擦洗棚膜，以增加棚膜的透光率。夏秋季节于上午 11 时至下午 3 时，棚顶覆盖遮光率为 60%的遮阳网，以减少日照时数，降低棚内温度。

微型胡萝卜肉质根较小，根长 10 厘米以上时即可根据市场需要分批采收。收获要及时，过早、过晚都会影响产品质量和产量。收获过早，产量低；收获过晚，肉质根容易木质化，品质差。收获后留 3～4 厘米长的叶柄，清水洗净后用保鲜袋或托盘用保鲜膜包装后即可出售。

五、胡萝卜保护地栽培关键技术

胡萝卜的主要栽培方法为露地栽培，但随着栽培技术的提高和市场的需要，许多地区已经开展反季节保护地栽培，主要是春季保护地栽培，包括地膜覆盖栽培、拱棚栽培、塑料大棚栽培、日光温室栽培等。

1. 地膜覆盖栽培

地膜覆盖栽培可使春胡萝卜播期提前到 3 月上旬，比露地栽培提前 10～15 天。采用地膜覆盖栽培，具有较好的保湿、防涝效果，对控制杂草生长及减少胡萝卜裂根和软腐病发生效果较好。地膜覆盖栽培采用小高垄栽培或平畦栽培较为理想。平畦可在膜面覆土，地膜上覆薄土层可屏蔽阳光，地膜下土壤中的杂草种子萌发后得不到阳光照射，不能进行光合作用，当种子中储藏的营养物质被彻底消耗完后，未出土的杂草幼苗便会死亡；处于地膜以上覆土层中的杂草种子则因地膜阻断了土壤中水分的上升，得不到生长所需的足够水分，多不能正常萌发和生长，只有播种穴中的杂草种子能够同时得到充足的水分和阳光进行萌发和生长，因此，杂草数量大大减少。干旱时，覆地膜可减少土壤水分蒸发，缓解旱情；大量降雨时，雨水会顺畦面流入畦沟中，最终被排出田外，减少了雨水下渗。这样无论雨水多少，土壤水分均能保持相对平衡状态，因此，胡萝卜裂根和病虫害都会减轻。在地膜上覆薄土，在刮大风时还可防止地膜被风摧毁。

在前茬收获后翻地前 3～5 天灌一次透水，让水淹没畦面，可杀死菜田中大部分地下害虫。整地前每亩施腐熟有机肥 2 500～3 000 千克，翻地、平整畦面后按 2 米宽开沟做畦，畦面宽 1.7～1.8 米，沟宽 30～35 厘米，沟深 25～30 厘米，畦面成龟背形。每亩用 50% 辛硫磷乳油 150～200 毫升拌细土 15～20 千克撒施于畦面，并结合平整畦面耙入表土层，以防地下害虫。

播种前，应浇透底水后再覆膜，一般用 0.006～0.008 毫米厚的普通地膜，可选用已打好播种孔的地膜进行覆盖，也可先覆膜后打孔。地膜播种孔的孔径以 4～5 厘米为宜。根据不同季节的气候特点选用适宜品种。将种子点播于地膜的播种孔中央，每孔播种 4～6 粒。播后从畦沟中取土覆盖在地膜和种子上，覆土厚 1.5～2.5 厘米，要求覆土厚薄均匀一致。

可将化肥溶于水后打孔灌施，一般追肥 2～3 次。第一次追肥在破肚期，每亩追施尿素 8 千克、过磷酸钙 8 千克、硫酸钾 10 千克。夏季间隔 15 天、冬季间隔 20～25 天后进行第二次追肥，每亩施尿素 8 千克、过磷酸钙 10 千克、硫酸钾 15 千克。以后视生长情况酌情追肥。胡萝卜生长适宜的土壤湿度为 60%～80%。若土壤过干，肉质根细小、粗糙，肉质粗硬；若土壤过湿，易发生软腐病。若供水不均，忽干忽湿，则易引起裂根。一般施肥后应灌水，平时可根据土壤墒性酌情灌水，肉质根充分膨大后应停止浇水。

胡萝卜收获后，应在下茬整地前将地膜彻底清理出菜田，防止对下茬蔬菜生长造成影响和污染环境。

2. 拱棚栽培

拱棚栽培方式结合地膜覆盖能使春播胡萝卜播期与收获期比露地提前 25～30 天，能更早上市以满足市场需要，提高经济效益。

拱棚栽培应选择早熟、生育期短的耐抽薹品种，如新黑田五寸人参、春红五寸人参等。选择背风、向阳，地势平坦，风面有林带、村庄或其他障碍物作为保护的沙壤土地块。顺风向设置拱棚，减少风的阻力及其破坏作用。根据设定的拱棚走向，做成宽约 2 米的畦面，两畦面间预留 0.5 米宽的走道。畦内开沟条播，行距 20～25 厘米、沟深 1～1.5 厘米，人工播种后及时覆土、镇压，覆土厚 1 厘米。高寒地区可以再覆盖一层薄膜。

小拱棚主框架的常用材料是竹片，在畦埂两边每隔 1～1.2 米对称挖深 20 厘米的小坑，埋设竹片，使之成为弓形，踏实基坑。调整竹片方向和弯曲度，使其整齐一致，并固定成为一个整体框架。拱棚的棚膜选择防老化无滴长寿膜，膜厚 1 毫米，播后可立即扣棚，避免水分散失。

拱棚温度管理以胡萝卜生长发育适温条件为标准进行。胡萝卜发芽适温为 20～25℃；幼苗能耐 -3～-2℃ 的低温，可忍受长时间 27℃ 以上的高温；叶部生长有较强的适应性，适温为 23～25℃；肉质根膨大期要求温度为 18～23℃。低于 3～7℃ 的低温持续 40 天以上，才会发生先期抽薹现象。所以棚温的管理低温应不低于 7℃ 为宜，高温以不高于 30℃ 为宜。夜晚盖苫保温，棚温过高时注意通风。

间苗、定苗选晴天上午 10 时前或午后，间苗后立即将棚盖好。浇水施肥、中耕培土等管理技术同大田无公害栽培技术。间苗一般进行 2 次，2～3 片叶时进行第一次间苗，去掉小苗、弱苗、过密苗，苗间距 3～4 厘米。5～6 片叶时进行定苗，中小型品种苗间距为 10～12 厘米，大型品种为苗间距 13～15 厘米。定苗后追肥、浇水、培土，肉质根膨大期再次追肥、浇水，深培土 2～3 次。春季病虫害发生少，要注意防治地下害虫，适时收获。

3. 塑料大棚栽培

春播胡萝卜可选用冬育苗茬口大棚，或者冬草莓和其他叶菜类采收后的大棚种植，以达到提早上市的目的。北方大棚设施栽培多在 2 月初至 3 月底播种，过迟则影响产量和品质，4 月下旬至 5 月底收获。为预防早春低温伤害，目前多使用塑料大棚内架拱棚的方法。在棚长 50 米、宽 8 米的塑料大棚内，分三大畦，畦宽 2 米左右，每畦 3 垄，垄高 15 厘米。催芽播种，每垄 3 行，定苗株距为 12 厘米。播后架塑料拱棚保温，后期揭去拱棚,塑料大棚仍保留,两边通风。

田间管理最主要的是要做好大棚内环境调控。春季胡萝卜栽培防春化是生产中最重要的管理环节,也就是设施内温度的管理。大棚保护地胡萝卜的温度管理,按照胡萝卜发芽适温20～25℃,叶部生长适温23～25℃,肉质膨大期18～23℃进行。大棚种植,播种后大棚无须通风,白天上午9时揭去大棚内小拱棚上的草苫和棚膜接受阳光,尽量提高棚温,保持白天温度达到25℃,夜间最低气温不低于7℃。苗出齐后,中午开始适当通风,降低棚内温度。白天保持23～25℃,夜间保持15℃,控制叶丛生长,促进肉质根膨大。夜间应注意防寒,防止发生冻害,更应防止因长期处在15℃以下的低温环境,使胡萝卜通过春化阶段而发生先期抽薹。后期随着外界气温升高,棚内温度也升高,应及时通风降温。如果长期处在高温环境中,胡萝卜肉质根粗纤维增多,根色变淡,品质下降。

湿度的管理也很重要,胡萝卜生长最适宜的土壤湿度为田间最大持水量的60%～80%。土壤湿度大、水分多,不利于肉质根的生长,肉质根主根延长受阻,侧根膨大,畸根比例大,失去商品价值。如果土壤干旱,则植株矮小,叶片稀疏,还会使肉质根变细、变小。大棚内土壤湿度可通过浇水来调节。

胡萝卜对光照的要求强度比较高,4月上旬去掉中拱棚,4月中旬大棚昼夜通风,增大昼夜温差,促进肉质根肥大,提高胡萝卜产量。

接近收获期的胡萝卜可以根据市场价格波动,在价格高时及时收获出售。特别是有胡萝卜发生抽薹迹象时更应马上采收,防止肉质根抽薹后失去商品价值。一般北方地区5月初就可以开始上市。

4. 日光温室栽培

华北部分地区采用日光温室栽培方式,目的是使产品提早上市,可解决春季蔬菜市场鲜胡萝卜的供应问题。山东及周边地区一般 1 月上旬播种，4 月中旬至 5 月初收获。

日光温室栽培应选择耐寒、不易抽薹、抗病、丰产及商品性状较好的品种。日光温室内可平畦栽培，也可起垄栽培。平畦播种，当温室日平均温度达 10℃以上时即可播种，播后覆地膜，以保温保湿，确保苗齐。幼苗出土后去掉地膜。起垄播种，按南北向开沟做高垄，垄间距离为 50～55 厘米，垄高 20 厘米，垄面宽 30～35 厘米，高垄上双行种植，行距 20～25 厘米。开较深播种沟，浅播，盖细土，播种后轻踩畦面，浇透水，再覆盖地膜至出苗。一般播后 10～15 天出苗，1～2 片真叶时进行间苗，去掉小苗、弱苗及杂株，留大苗、壮苗，同时进行第一次浅耕松土，4～5 片叶时定苗。

播种后的温度偏低，为了保证胡萝卜出苗整齐，一定要注意保温。出苗前不要放风，出苗后视棚内的情况而定。早晨放风时，根据温度情况确定放风时间，若棚内温度低于 8℃，则应推迟放风且放风时间不超过 10 分钟。中午前后，当棚内温度超过 28℃时，开始放风，放风时间为 20～30 分钟。阴天时，温室内温度即使达不到 28℃，也要适当放风换气，放风时间可推迟到下午，降低湿度以减少病害发生，同时还可补充二氧化碳以保证植物光合作用正常进行。3 月中旬以后要逐渐加大放风量，4 月初开始放边风，4 月中旬以后大放风。

胡萝卜苗期的土壤湿度保持在 70%～80%。肉质根长到 1 厘米粗时，是其需水高峰期，应及时灌水，灌水应做到轻、匀、适量，切忌大水漫灌或出现忽干忽湿的情况，这样容易产生裂根。胡萝卜幼苗期需肥量不大，若底肥充足，一般不考虑追肥，在肉质根膨大期要进行追肥，促进根茎膨大，整个生育期一般追肥 2～3 次。

日光温室栽培胡萝卜的采收期在 4 月中旬至 5 月初，掌握在雨季来临前及时采收。此时正值全国胡萝卜缺货时期，销售价格好，效益高。

第四章
胡萝卜安全栽培管理技术

一、胡萝卜无公害栽培管理技术

无公害蔬菜是因为蔬菜产品或加工品受到某种污染源的污染而提出的，是指蔬菜生产的产地环境、生产过程、最终产品质量符合国家或行业无公害农产品的标准，并经过检测机构检测合格，批准使用无公害农产品标识的初级农产品。其中产品标准、环境标准、生产资料使用标准为强制性国家及行业标准，最终要求食品基本安全。也就是说，在无公害蔬菜生产过程中，允许限量使用某些化学肥料和符合要求的有机肥，高效、低毒、低残留的化学农药、生长调节剂、除草剂等，但必须符合国家、行业标准，在此前提下从维护菜田生态环境出发，本着实现"高产、高效、优质"的原则进行生产活动。

无公害蔬菜是一个相对概念，是相对于有公害蔬菜而言，这一概念不包括标准更高、要求更严的绿色食品（分为 A 和 AA 两级）和与国际接轨的有机食品。

1. 无公害胡萝卜产地环境

根据无公害蔬菜生产对生产基地的要求，生产基地应远离有大量工业废气、废渣、废水排放点的区域，具有良好的灌排条件及清洁的灌溉水源等。一般，某些环境污染高的地区，或某些已经受到环境污染而很难恢复的地区，以及自然条件比较恶劣的地区，属于不适宜开发无公害蔬菜生产的区域。相对而言，远离城市、河流上游，工业尚不发达，以及不施或少施DDT、六六六、砷制剂、汞制剂的地区，则为适宜开发地区。基地周边2千米以内无污染源，基地距主干公路100米以上。基地应尽可能选择在该作物的主产区、高产区和独特的生态区。基地应土壤肥沃，旱涝保收。

（1）**大气要求** 基地远离城镇及污染区，在盛行风向的上方，无大量工业废气污染源。基地区域内气流相对稳定，即使在风季，其风速也不会太大。要求基地内空气尘埃较少，空气清新洁净。雨水中泥沙少，pH值适中。基地内所使用的塑料制品无毒、无害，不污染大气。

（2）**土壤要求** 土质肥沃，有机质含量高，酸碱度适中，土壤中元素值在正常范围以内，土壤耕层内无重金属、农药、化肥、石油类残留物、有害生物等污染。选择土层深厚、肥沃、富含腐殖质，排水良好的壤土或沙壤土。

（3）**水环境要求** 基地内灌溉用水质量稳定，如用河水作为灌溉水源，则要求在基地上方水源的各个支流处无工业污染源影响。

无公害胡萝卜生产对产地环境的具体要求参照标准《NY/T 5010—2016无公害农产品种植业产地环境条件》。

2. 无公害胡萝卜品种选择

根据农业农村部颁布的《NY/T 5085—2002 无公害食品 胡萝卜生产技术规程》，无公害胡萝卜生产应选用抗病、优质丰产、抗逆性强、适应性广、商品性好的品种。一方面，选用抗病、抗逆性强的胡萝卜品种，是无公害生产、病虫害农业防治的重要措施。选择抗性强的品种，在栽培过程中，胡萝卜病害发生轻，虫害少，可以不用防治，或可以减少用药量，从而减轻污染。这样既可以降低成本，减少用工，同时还可以保证胡萝卜产品的安全。另一方面，胡萝卜品种类型较多，不同品种间适应性差异大，产量水平以及食用价值各不相同，只有选择适合当地气候，适合相应栽培季节、栽培方式及消费要求的品种，才能保证胡萝卜无公害生产的高产和优质，也才能保证胡萝卜产品适销对路。生产上，引种不当或不熟悉品种特征特性，而又没有采取有效的技术措施，常会给胡萝卜生产造成不应有的损失。例如，春季栽培不耐抽薹品种，常造成胡萝卜先期抽薹，直接影响胡萝卜产品的商品质量和产量。

无公害胡萝卜选种标准：各地应根据当地的气候条件和市场的消费习惯来选用优质、耐抽薹、产量高、品质好、耐贮藏的品种。根据《NY/T 5085—2002 无公害食品 胡萝卜生产技术规程》，无公害胡萝卜生产所要求的种子质量为：种子纯度≥92%，净度≥85%，发芽率≥80%，含水量≤10%。品种要求肉质根根形好，表皮光滑，形状整齐，皮、肉、心柱颜色比较一致，肉厚，心柱细，品质好，质细味甜，脆嫩多汁。生产中要符合《中华人民共和国农药管理条例》卫生要求的规定。

为了保证出苗整齐和全苗，在播种前还要进行一些处理。无公害胡萝卜播种前需要对种子进行处理：一是要对种子进行筛选，除去秕种、小种子，并进行发芽实验，以确定适宜的播种量。二是要搓去种子上的刺毛，以利吸水和播种均匀。三是为了加快出苗可进行浸种催芽，方法是将搓毛后的种子在30~40℃温水中浸种3~4小时，出水后用纱布包好，置于20~25℃条件下催芽5~7天，期间每天用清水冲洗一次，当50%~60%的种子露白时即可播种。

3. 胡萝卜夏秋露地无公害栽培技术

胡萝卜夏秋栽培是胡萝卜的主要栽培方式。我国大部分地区胡萝卜栽培主要是夏秋播种，初冬收获。南方冬季气候温和的地区则可秋季播种，田间越冬，翌年春天收获。胡萝卜较耐贮藏，我国北方于11月收获胡萝卜后可一直贮藏到翌年3—4月，可满足这一时期消费者对胡萝卜的需求。胡萝卜的夏秋栽培，应根据胡萝卜无公害操作规程的基本要求，把好播种、除草、施肥、浇水等各个环节。

（1）**播种期与茬口**　适时播种是获得高产、优质的重要条件之一。根据胡萝卜叶丛生长期适应性强、肉质根膨大要求凉爽气候的特点，在安排播种期时，应尽量使苗期在炎热的夏季或初秋，使肉质根膨大期尽量在凉爽的秋季。

胡萝卜播种过早，肉质根膨大期适逢高温季节，呼吸作用旺盛，影响营养物质积累，不但产量降低，而且植株提早老化。如不收获，肉质根易老化、开裂，降低质量。播期一定要适时。收获过早，因外界气温尚高，影响贮藏。播种期过晚，生育期缩短，严霜到来时，肉质根尚未膨大，会降低产量。我国地域广阔，各地气候条件差异很大，应根据当地气候条件选用品种和确定适宜的播种期。秋季播种时，北方地区在7月上中旬播种，江淮地区在7月中旬至8月中旬播种，华南地区在7—9月皆可播种。秋季栽培胡萝卜的前茬作物一般是早熟甘蓝、黄瓜、番茄和洋葱、大蒜等非伞形花科蔬菜作物。此外，也可以和大田作物的小麦等进行轮作。

（2）**整地施肥**　按照《NY/T 5085—2002 无公害食品 胡萝卜生产技术规程》，除保证产地环境无污染外，无公害胡萝卜生产宜选择地力肥沃、土壤疏松、排水良好的沙壤土或壤土。由于胡萝卜肉质根入土深，吸收根分布也较深，如耕翻太浅或是心土硬实，会使主根不能深扎，肉质根易弯曲，甚至发生叉根。按照《NY/T 5085—2002 无公害食品 胡萝卜生产技术规程》，用于无公害胡萝卜栽培的土壤应早耕多翻、碎土耙平。耕层的深度，应根据所选用的品种而定，一般耕作的深度在25～30厘米。为减少前茬作物以及肥料可能对胡萝卜生产的污染，前茬作物收获后应及时清洁田园，先浅耕灭茬，然后按照无公害施肥的要求，施入腐熟的有机肥和化肥，立即深耕25～30厘米，将肥料翻入土中，耙平后做畦。具体施肥量和施肥方法，应根据土壤肥力和当地推荐的施肥措施而定。基肥施用量应占总施肥量的70%以上。通常每亩施用腐熟有机肥5000千克、草木灰100千克、磷酸二铵15千克作为基肥。严禁施用未腐熟有机肥等禁用肥料作为基肥。

做畦方式因品种、地区及土壤状况而异。如土层较薄、多湿地块或多雨地区，宜用高畦或垄，以利增厚土层与排水。按照《NY/T 5085—2002 无公害食品 胡萝卜生产技术规程》，高畦畦宽50厘米，畦高15～20厘米，畦面种2行。土层深厚、疏松、高燥及少雨地区可做平畦。平畦一般畦面宽1.2～1.5米，每畦种4～6行。如做垄，垄距80～90厘米，垄面宽50厘米，沟宽40厘米，高15～20厘米，每垄播2行。畦或垄长可根据土地平整情况灵活掌握，一般为20～30米，便于田间管理。

（3）**播种** 为保证胡萝卜出苗整齐和全苗，除选用优良的品种和通过整地做畦保证良好的土壤条件外，种子质量也是值得重视的因素。按照《NY/T 5085—2002 无公害食品 胡萝卜生产技术规程》，胡萝卜种子质量应满足以下要求，种子纯度≥92%，净度≥85%，发芽率≥80%，含水量≤10%。生产上所用的胡萝卜种子，实际上是果实，果皮厚，通气性、透水性差，发芽困难。为满足无公害生产的要求，保证全苗、壮苗，播种前可采取一些措施。一是播种前要对种子进行筛选，除去秕、小种子，并进行发芽实验，以确定适宜的播种量。二是要搓去种子上的刺毛，以利吸水和播种均匀。三是可进行浸种催芽以加快出苗，方法是将搓毛后的种子在40℃的温水中浸种2小时，出水后用纱布包好，置于20～25℃条件下催芽，2～3天后种子露白即可播种。一般，胡萝卜采用直播，通过较大的播种量来保证全苗。

胡萝卜常见的播种方式主要有条播和撒播两种。条播按20～25厘米行距开深2～3厘米的沟，将种子均匀播于沟内，为保证播种均匀，可用适量的细沙与种子混匀后播种。播后覆土 2 厘米厚，轻轻镇压后浇水。垄作均行条播，每垄播 2 行。平畦或高畦栽培可以撒播。撒种后覆土 1.5～2 厘米厚，镇压、浇水。按照《NY/T 5085—2002 无公害食品 胡萝卜生产技术规程》，胡萝卜条播每亩用种量一般为 0.8～1 千克，撒播每亩用种量为 1.5～2 千克。进口种子价格较高，发芽能力和出土能力均较好，应采用精播技术，常采用穴播或点播。每亩用种量为 0.2～0.4 千克。

在北方风多、干旱地区和南方高温多雨地区最好播后在畦面上覆盖麦秸、草等，有保墒、降温、防大雨冲刷的作用，有利于出苗。出苗后陆续撤去覆盖物。胡萝卜苗期长，时值高温多雨季节，各种杂草生长很快，极易出现草荒，因此必须及时除草。可在播种后喷洒除草剂以杀灭杂草。每亩可用 40% 地乐胺乳油 200 克，或 50% 扑草净可湿性粉剂 100～150 克，或 50% 利谷隆可湿性粉剂 100～150 克，或 33% 二甲戊灵乳油 150～200 克等除草剂兑水 50～60 升，均匀喷布于畦面，除草效果都很好。

（4）田间管理

①间苗、除草、中耕 出苗后，气温高，杂草生长很快，应及时拔除，以免影响幼苗生长。按照《NY/T 5085—2002 无公害食品 胡萝卜生产技术规程》，胡萝卜幼苗期间一般进行 2～3 次间苗和中耕除草。当幼苗 2～3 片真叶时，进行第一次间苗，保持株距 3 厘米，并结合进行浅耕除草松土。当幼苗 3～4 片真叶（苗高 10 厘米左右）时，进行第二次间苗，苗距 6 厘米左右。在幼苗 5～6 片真叶时进行定苗。去除过密株、劣株和病株，一般小型品种株距 12 厘米左右，每亩留苗 4 万株左右；大型品种株距 15 厘米左右，每亩留苗 3.5 万株左右。留苗过密，植株互相遮阴，光合作用减弱，下部叶片易提早衰亡，最后导致减产；反之，留苗过稀，单位面积植株数量减少，也会造成减产。定苗时中耕除草 1 次，除草剂可用百草枯等。中耕除草

时，把畦沟土壤培于畦面。在肉质根膨大期，一般进行2～3次中耕。在叶丛封垄（行）前进行最后一次中耕，并将细土培至根头部，以防根部膨大后露出地面，使皮色变绿影响品质。

②合理浇水　尽管胡萝卜耐旱能力较强，但为获得优质、丰产，还必须合理浇水。播种后至出苗时间较长，应连续浇水，保持土壤湿润。只有这样，才能保证出苗整齐，一般应浇2～3次水。在高温、干旱无雨的情况下，更要注意播种后浇水，使畦面始终湿润，否则畦面板结，出苗慢而不齐。齐苗后，幼苗需水量不大，不宜过多浇水，保持土壤见干见湿，一般每5～7天浇1次水，以利发根，防止幼苗徒长。苗期正值雨季，大雨后应及时排水防涝，遇涝易造成死苗。在定苗后浇1次水，水后趁土壤湿润进行深中耕蹲苗，在幼苗7～8片叶、肉质根开始膨大时，结束蹲苗。肉质根膨大期至收获前15天左右，应及时浇水，每3～5天浇1次水，保持土壤湿润，以促进肉质根迅速膨大。

③科学施肥　胡萝卜出苗至收获期间需要进行追肥，追肥的数量、种类需根据土壤肥力和胡萝卜本身的生长状况和发育时期而定。按照《NY/T 5085—2002 无公害食品 胡萝卜生产技术规程》，胡萝卜生长期间需追肥2次，在定苗后进行第一次追肥，偏施氮肥，每亩施用氮磷钾复合肥15千克。在肉质根膨大期进行第二次追肥，偏施磷、钾肥，每亩施用氮磷钾复合肥30千克。施肥时，于垄肩中下部开沟施入，然后覆土。收获前20天不应施用速效氮肥。在胡萝卜生产中，施肥是目前引起胡萝卜污染的重要因素之一，因此，在胡萝卜无公害生产中，应尽量减少速效氮肥的施用，尤其不能超量施用速效氮肥。所选用的肥料应达到国家有关产品质量标准，满足无公害胡萝卜食品对肥料的要求。严禁在生产中使用工业废弃物、城市垃圾和污泥，不使用未经发酵腐熟、未达到无害化指标的人畜粪尿等有机肥料。

（5）**收获**　胡萝卜自播种至采收的天数依品种而定，早熟种80～90天，中晚熟种100～120天。原则上讲，待肉质根充分膨大，达到无公害蔬菜的要求时，即可随时收获上市。用于贮藏、加工、出口的产品要适当晚收。收获过早，肉质根未充分膨大，产量低，品质较差。收获过迟，肉质根易木质化，心柱变粗，降低品质。在我国北方，只要播种期适宜，以土壤初冻前收获为宜。华北地区以 11 月上中旬为收获适期，过晚胡萝卜可能受冻。南方可在冬季随时收获上市，也可在田间越冬，翌年春季收获，但不能过晚，否则天气变暖，须根再次生长，甚至抽薹，品质和产量将严重下降。

4. 胡萝卜春夏无公害栽培技术

近年来根据市场需要，特别是为满足向日本、韩国等国家出口的需要，胡萝卜春播夏收栽培面积逐年增加，且具有很好的经济效益。胡萝卜春夏栽培属于反季节栽培，在无公害生产的要求方面与胡萝卜夏秋栽培相同。因此，在胡萝卜春夏无公害生产上，应按照胡萝卜无公害生产的基本原则，并根据这一季节栽培的特点，使用合理科学的栽培技术。

（1）播种期与茬口　胡萝卜春夏栽培是在春季播种，夏季收获的一种栽培方式。在北方地区，春季胡萝卜若播种过早，幼苗期气温较低，很容易使植株通过春化阶段而在夏季先期抽薹。若播种过晚，肉质根的膨大期正值炎热多雨的 6—7 月，高温、高湿易引起多种病害的发生，而且过高的气温会严重影响肉质根营养的积累，造成减产。胡萝卜春夏栽培的前茬作物一般是晚秋或越冬作物，如番茄、甘蓝、白菜、茄子、豆科作物以及越冬菠菜等。

春胡萝卜播种，应以地表下 5 厘米地温稳定在 8～10℃时为宜。依此确定各地的适宜播种期，如山东、河南等地为 3 月中旬，京津地区为 3 月下旬至 4 月上旬。南方各地可适当早播。目前，北方一些地区利用塑料小拱棚或塑料大棚栽培，播种期可比露地提早 15～20 天，不仅不易先期抽薹，而且能显著提高产品产量和质量，经济效益显著。

（2）**品种选择**　胡萝卜春夏栽培，一定要选用冬性强、不易先期抽薹、耐热、抗病的早熟或中熟品种，尽量在炎夏到来前使肉质根基本膨大，达到商品采收标准。用于出口的胡萝卜品种的特性要符合出口要求，如出口日本、韩国的胡萝卜，要求为皮、肉、心柱颜色一致的橙红色品种。目前我国生产上应用较多的品种有扬州红1号、烟台五寸、新黑田五寸、兴农全腾、红芯四号胡萝卜等品种。

（3）**整地、播种**　整地与播种方法基本上同秋播。选用地块最好在冬前进行深翻晒垡，开春土壤化冻后尽早整地。利用塑料大棚或小棚栽培，播种前15～20天盖棚膜，以利于提高地温、提早化冻整地，促进播种后及早出苗。为了提早出苗，应进行浸种催芽。播种后最好覆盖地膜，保温、保湿。

（4）**田间管理**　春播胡萝卜出苗后外界气温较低，应适当少浇水、多中耕。齐苗后覆盖的地膜及时揭去，以防烤苗。2叶期间苗，4～5叶期定苗，株距10～12厘米。每次间苗均应浇1次小水。定苗后，每亩撒施氮磷钾复合肥10～15千克，偏施氮肥，然后浇水，3～5天后中耕蹲苗。8～9片叶时，肉质根开始膨大，结束蹲苗，重施1次追肥，每亩施氮磷钾复合肥25～30千克。此后勤浇水，保持地面湿润。若发现叶丛过旺，可用15%多效唑可湿性粉剂1500倍液喷施，以促进肉质根的膨大。

（5）**收获**　春播胡萝卜收获期原则上是根据市场需要，肉质根达到商品成熟后即可分期收获上市。一般播种早的早熟品种可从6月上旬开始收获。进入6月下旬后，白天气温可达30℃以上，不仅抑制了肉质根的膨大，而且还会影响肉质根的品质。因此，一般于6月下旬前全部收获。收获后经预冷贮存于0～3℃冷库中，可供应整个夏秋季节。

5. 无公害胡萝卜的质量标准

（1）**感官要求**　同一品种或相似品种，大小一致、成熟适度、根形正常、清洁、无明显缺陷（缺陷包括异味、腐烂、病虫害、机械伤）。

（2）**卫生要求**　无公害胡萝卜的卫生要求应符合下表的规定。

无公害胡萝卜卫生要求

序号	项目	指标（毫克 / 千克）
1	乐果	≤ 1
2	敌百虫	≤ 0.1
3	多菌灵	≤ 0.5
4	百菌清	≤ 1
5	氰戊菊酯	≤ 0.05
6	铅（以 Pb 计）	≤ 0.2
7	汞（以 Hg 计）	≤ 0.01
8	镉（以 Cd 计）	≤ 0.05
9	亚硝酸盐（以 $NaNO_2$ 计）	≤ 4

注：根据《中华人民共和国农药管理条例》，剧毒和高毒农药不得在蔬菜生产中使用。

二、胡萝卜绿色栽培管理技术

绿色蔬菜是指遵循可持续发展的原则，在产地生态环境良好的前提下，按照特定的质量标准体系生产，并经专门机构认定，允许使用绿色食品标志的无污染的安全、优质、营养类蔬菜的总称。绿色蔬菜必须具备的条件如下：产地或产品原料的产地必须符合农业农村部制定的绿色食品产地环境质量标准；农作物种植必须符合农业农村部制定的绿色食品生产操作规程；产品必须符合农业农村部制定的绿色食品质量和卫生标准；产品外包装必须符合国家食品标签通用标准，符合绿色食品特定的包装装潢和标签规定。

1. 产地环境

根据绿色蔬菜生产对生产基地的要求，应选择空气清新、水质纯净、土壤未受污染或污染程度较轻、具有良好农业生态环境的地区。应尽量避开繁华都市、工业区和交通要道，多选择在边远省区、农村等地。

（1）大气要求　产地周围不得有大气污染源，特别是上风口没有污染源；不得有有害气体排放，生产生活用的燃煤锅炉需要有除尘除硫装置。大气质量要求稳定，符合绿色食品大气环境质量标准。大气质量评价采用《GB 3095—2012 环境空气质量标准》所列的一级标准，主要评价因子包括一氧化碳（CO）、总悬浮微粒（TSP）、二氧化硫（SO_2）、氮氧化物（NO_x）等。

（2）土壤要求　产地土壤元素位于背景值正常区域，周围没有金属或非金属矿山，土壤中不得含有重金属和其他有毒有害物质，生产基地在最近 3 年内未使用过违禁的化学农药和化肥等，评价采用《GB 15618—2018 土壤环境质量标准》。基地无水土流失、风蚀及其他环境问题（包括空气污染）。从常规胡萝卜种植向绿色胡萝卜种植转换需 3 年以上的转换期，同时要求土壤有较高的土壤肥力和保持土壤肥力的有机肥源。土壤质量符合绿色食品土壤质量标准。土壤评价采用该土壤类型背景值的算术平均值加 2 倍的标准差。主要评价因子包括重金属和类重金属，如镉（Cd）、汞（Hg）、砷（As）、铅（Pb）、铬（Cr）等，还包括有机污染物，如六六六、滴滴涕等。

（3）水环境要求　生产用水质量要有保证，产地应选择在地表水、地下水水质清洁、无污染的地区，水域、水域上游没有对该产地构成威胁的污染源。生产用水质量符合绿色食品水质环境质量标准。绿色胡萝卜的灌溉用水应优先选用未受污染的地下水和地表水，水质应符合《GB 5084—2005 农田灌溉水质标准》。加工用水评价采用《GB 5749—2006 生活饮用水标准》，主要评价因子包括常规化学性质（pH 值、溶解氧）、重金属和类重金属汞、镉、铅、砷、铬、氟等以及有机污染物（有机氯等）和细菌学指标（大肠杆菌、细菌）。

在满足上列条件的前提下，还要考虑交通方便、地势平坦、排灌良好、适宜蔬菜生长、利于害虫天敌繁衍及便于销售等条件。

2. 品种选择

选用抗病、优质丰产、抗逆性强、适应性广、商品性好的品种，如日本坂田七寸（SK4-316）、美国因卡、新黑田五寸参、日本五寸参和当地优良农家品种等。种子纯度≥92%，净度≥85%，发芽率≥80%，水分≤10%。

3. 合理轮作

胡萝卜忌连作，所以要换茬轮作，避免重茬。叶菜类蔬菜需氮较多，瓜菜类、茄果类需磷较多，而胡萝卜需钾较多，它们之间轮作，可充分利用自然中的各种养分，还可改变病虫的生活环境，减少病虫害的发生。另外，前茬种植一些生长迅速或栽培密度大、生育期长、叶片对地面覆盖度大的蔬菜，如瓜类、甘蓝、豆类、马铃薯等，对杂草有明显抑制作用，而发芽慢、叶小的胡萝卜地易生杂草，将这些蔬菜轮换栽种，可明显减轻草害。于冬前或播种前20天深翻晒垡，可减少田间病虫基数，利于根系发育。基肥要施用完全腐熟的有机肥，因为未腐熟的农家肥中常伴有有害微生物。

4. 整地、做畦、播种

前茬作物收获后，及时耕翻土地，深度为25～30厘米。每亩结合整地施腐熟有机肥4 000～5 000千克、草木灰300～500千克、硼砂2～2.5千克。因设施和地块不同，根据当地习惯及地势做畦。采用条播或穴播，每亩用种量为3～6千克，播深1.5厘米。播种后覆土，然后镇压、浇水，保持畦面湿润。

5. 田间管理

加强田间管理是减少农药和化肥施用量的基本措施。田间管理主要包括及时清理田园中的枯枝落叶和个别病株病苗，加强土壤中耕细作和肥水管理，合理密植等。收获或倒茬后，集中清理残株败枝和杂草，减少病虫基数。

（1）**科学施肥** 肥料对胡萝卜造成污染主要有两种途径：一是肥料中所含有的有害有毒物质，如病菌、寄生虫卵、毒气、重金属等，二是氮素肥料的大量施用造成硝酸盐在蔬菜体内积累。因此，绿色胡萝卜生产中施用肥料应坚持"以有机肥为主，其他肥为辅。以基肥为主，追肥为辅。以多元素复合肥为主，单元素肥料为辅"。

可用于绿色胡萝卜生产的肥料包括：堆肥、厩肥、沼气肥、饼肥、绿肥、泥肥、作物秸秆等完全腐熟的有机肥，尿素、磷酸二铵、硫酸钾、钙镁磷肥、过磷酸钙等化肥，磷细菌肥、活性钾肥、固氮菌肥、硅酸盐细菌肥、复合微生物以及腐殖酸类肥料等生物菌肥，矿质钾肥、矿质磷肥等无机矿质肥料，以铜、铁、锌、锰、硼等为主配制的微量元素肥料。绿色胡萝卜生产禁止施用硝态氮肥。

肥料施用时应重施有机肥，少施化肥。基肥一般每亩施腐熟的有机肥 3 000～5 000 千克，施用化肥的纯氮量不超过 10 千克。在相同基肥条件下，追肥用量越大，蔬菜中硝酸盐积累越多，因此，绿色胡萝卜生产要施足基肥，控制追肥。化肥要深施、早施，在收获前 30 天停施。不同的地质、苗情及季节，施肥种类和方法也有所不同，低肥地可施氮肥和有机肥以培肥地力，胡萝卜苗期施氮肥利于早发快长，夏、秋季气温高时硝酸还原酶活性高，要适量施用氮肥。提倡营养诊断、测土配方施肥、深层施肥，根外追肥等。

（2）**合理灌溉** 加强水分管理，可使植株生长健壮，提高抗逆能力，减少病虫草害的发生和危害。土壤水分、空气湿度对病害发生影响大，因此，避免大水漫灌，同时秋季生长后期温度逐渐降低，应尽量减少或避免叶面上产生水滴，达到控制病害侵染或流行的目的。

（3）**除草** 绿色胡萝卜生产不能使用除草剂，一般采用人工或机械方法除草。主要在胡萝卜生长前期及时清除杂草，因为胡萝卜苗期长，而且苗期植株长势弱，如不及时清除，杂草与胡萝卜争夺养分，对胡萝卜生长极为不利。此外，除草越晚，费力越多。也可以利用黑色地膜覆盖，抑制杂草生长。在使用含有杂草的有机肥时需完全腐熟，从而杀死杂草种子，减少带入田间的杂草种子数量。

（4）病虫害综合防治

①物理防治　及时清理田园，集中销毁老病残株；采取遮阳网、防虫网两网覆盖技术；物理诱杀或驱避害虫，如用黄板诱杀蚜虫、白粉虱，用银灰色反光膜驱避蚜虫，用黑光灯、频振式杀虫灯、糖醋液诱杀蛾类等。

②生物防治　可释放寄生性、捕食性的天敌防治害虫，如赤眼蜂（防治地老虎）、七星瓢虫（防治蚜虫和粉虱）、捕食螨和各类天敌等；可利用微生物间的拮抗作用，如用农用链霉素防治细菌性病害，用抗毒剂防治病毒病，用农用抗生素 BO-10 防治枯萎病和炭疽病；也可利用植物之间的生化他感作用防治病虫害，例如与葱类作物混种，能防治枯萎病等；利用性引诱剂和性干扰剂可有效减小蛾类害虫的虫口密度。

③化学防治　绿色胡萝卜生产禁止使用剧毒、高毒、高残留的农药。有机磷类、拟除虫菊酯类杀虫剂属于神经性毒剂，不仅对人畜天敌有害，并且害虫易产生抗药性，生产中应尽量避免使用。在虫口密度较高需要药剂防治时，应选用无毒或低毒、对昆虫具特异性作用、化学结构式源于自然的新类型杀虫剂或强选择性药剂。其中，2% 印楝素乳油 1 000～2 000 倍液可用于防治斜纹夜蛾、黄条跳甲、猿叶虫、斑潜蝇、白粉虱、叶螨等多种害虫，而对人畜、寄生蜂、草蛉、瓢虫等无害。昆虫生长调节剂类农药可干扰昆虫的生长发育，从而控制害虫发展，它对人畜无毒、无害，不污染环境，不杀伤天敌。化学防治时应注意每种农药的限用次数和使用浓度，掌握安全使用该农药的间隔期，尽量减轻污染。

三、胡萝卜有机栽培管理技术

有机蔬菜是指在蔬菜生产过程中严格按照有机生产规程，禁止使用任何化学合成的农药、化肥、生长调节剂等化学物质，以及基因工程生物及其产物，而是遵循自然规律和生态学原理，采取一系列可持续发展的农业技术，协调种植平衡，维持农业生态系统持续稳定，且经过有机食品认证机构鉴定认证，并颁发有机食品证书的蔬菜产品。

1. 产地环境

有机蔬菜生产基地应远离城区、工矿区、交通主干线、工业污染源、生活垃圾场等，距离公路主干线的直线距离应不少于 500 米，而且要地形开阔、阳光充足、通风良好、土壤 pH 值为 5.6～7.5。要求交通便利、地势平坦、水源充足、排灌方便。蔬菜生产的安全性与产地环境条件密切相关，良好的产地环境是实现蔬菜安全生产的前提。

蔬菜赖以生长发育的环境因素很多，影响其质量安全的环境因素主要是空气、水分和土壤。有机产品生产基地环境空气质量要符合《GB 3095—2012 环境空气质量标准》中的二级标准，生产灌溉水质应符合《GB 5084—2005 农田灌溉水质标准》要求，土壤环境质量要符合《GB 15618—2018 土壤环境质量标准》中的二级标准。有机蔬菜生产与无公害生产和绿色生产的根本不同在于病虫草害的防治和肥料使用的差异上，其要求更高。

（1）大气要求 有机蔬菜生产基地要远离废气，主风向上方无工业废气污染源，空气清新洁净，生产基地所在区域无酸雨。

（2）土壤要求 有机蔬菜生产要远离废渣，要求土壤肥沃，有机质含量高，酸碱度适中，矿物质元素背景值在正常范围以内，无重金属、农药、化肥、石油类残留物、有害生物等污染。

（3）**水环境要求**　有机蔬菜生产要求远离废水，保证有良好的灌溉条件和清洁的灌溉水源，灌溉用水质量应稳定达标，灌溉用水应优先选用未受污染的地下水和地表水，如用江、河、湖水灌溉，则要求水源达标，输水途中无污染。

（4）**产地的完整性**　产地的土地应是完整的地块，其间不能夹有进行常规生产的地块，但允许有有机转换地块。有机萝卜生产基地与常规地块交界处必须有明显标记，如河流、山丘、人为设置的隔离带等。

（5）**必须有转换期**　由常规生产向有机生产转换通常需要2～3年，其后播种的胡萝卜，才可作为有机产品。转换期的开始时间从向认证机构申请认证之日起计算，生产者在转换期间必须完全按有机生产要求操作。经1年有机转换后的田块中生长的胡萝卜，可以作为有机转换作物销售。

（6）**建立缓冲带**　如果有机胡萝卜生产基地中有的地块有可能受到邻近常规地块的污染，则必须在有机地块和常规地块之间设置缓冲带或物理障碍物，保证有机地块不受污染。不同认证机构对隔离带长度的要求不同，如我国南京国环有机产品认证中心要求为8米，德国CS认证机构要求为10米。

2. 品种选择

应选择适合当地土壤和气候特点的，对胡萝卜主要病虫害有抗性的有机胡萝卜专用种子。在尚无此类种子情况下，可使用未经禁用物质处理的常规种子。在选择品种时，要充分考虑保护胡萝卜遗传多样性，禁止使用任何转基因种子。

3. 茬口安排

蔬菜田多年连作会产生连作障碍，重茬连作往往会造成病虫害的严重流行，加剧病虫害发生，胡萝卜等根菜类蔬菜尤其忌连作。合理轮作是利用寄主植物和外寄主植物的交替，切断寄生性病虫的食物链及其赖以生存的环境，从而防治病虫。同时可均衡利用土壤中的营养元素，改善土壤理化特性，促进土壤中对病原物有拮抗作用的微生物的活动，使土地肥力和土壤环境逐渐改善。合理轮作和轮作休闲相结合，有条件休闲的地块种玉米、蚕豆等绿肥，粉碎后翻入土中，可以培肥地力，减少病虫害残留，而且这类作物多为垄作，且需经常松土，能使土壤疏松熟化，作为前茬种植对有机蔬菜生产有利。例如春季可与叶菜类、甘蓝类、小麦、豆类间作，夏季可套种茄果类、瓜类蔬菜，秋季可套种耐寒性蔬菜，每2～3年循环1次。前茬蔬菜收获后，彻底打扫清洁基地，将病残体全部运至基地外销毁或深埋，以减少病害基数。

4. 施肥技术

合理施肥，培育健壮植株，以提高对病虫害的抗性，是有机蔬菜生产的一项关键技术。有机蔬菜生产中只允许采用有机肥和种植绿肥。一般采用自制的腐熟有机肥或采用通过认证、允许有机蔬菜生产上使用的一些肥料厂家生产的纯有机肥料，如以鸡粪、猪粪为原料的有机肥。在使用自己沤制或堆制的有机肥料时，必须充分腐熟。有机肥养分含量低，用量要充足，以保证有足够养分供给。针对有机肥料前期有效养分释放缓慢的缺点，可以利用允许使用的某些微生物，如具有固氮、解磷、解钾作用的根瘤菌、芽孢杆菌、光合细菌和溶磷菌等，经过这些有益菌的活动来加速养分释放和养分积累，促使有机蔬菜对养分的有效利用。绿肥具有固氮作用，种植绿肥可获得较丰富的氮素来源，并可提高土壤有机质的含量，常种的绿肥有紫云英、苕子、苜蓿、蒿枝、兰花籽、豌豆、白花草木樨等50多个绿肥品种。米糠、豆饼或菜饼的浸出液，经过充分腐熟后可作为追肥使用。一般将浸出液兑水10倍做根外追肥，兑水5倍则可以直接浇根追肥。施用浸出液既能提高蔬菜抗病能力，又能防止早衰，增加后期产量，同时还能改善产品的口味。

施肥应根据肥料特点、土壤、胡萝卜品种及生长发育期灵活搭配、科学施用，才能有效培肥土壤，提高有机胡萝卜的产量和品质。基肥应结合整地每亩施腐熟的厩肥或生物堆肥3 000～5 000千克，有条件的可使用有机复合肥作为基肥。追肥分为土壤追肥和叶面追肥两种。土壤追肥主要是在胡萝卜旺盛生长期结合浇水、培土等进行，主要使用人粪尿及生物肥等。叶面追肥可在苗期、生长期选用生物有机叶面肥喷洒，每隔7～10天喷1次，连喷2～3次。绿肥一般在花期翻压，翻压深度为10～20厘米，每亩翻压1 000～1 500千克。

5. 病虫害综合防治技术

综合利用病虫害防治措施，可以有效控制病虫害的发展和蔓延。在利用各种防治措施时，要因时、因地采取灵活的措施。掌握"预防为主，防治为辅"的方针，将病虫害消灭在扩散和危害前。

（1）**农业防治**　因地制宜地选择抗病虫害的胡萝卜品种。采用包括豆科作物或绿肥在内的至少2种作物进行轮作。地下水位高、雨水多的地区采用深沟高畦，利于排灌，保持适当的土壤湿度，对防止和减轻病害具有较好的作用。播种前，彻底消除前茬的枯枝烂叶，深翻晒垡，可将菜地土表的病虫残体深埋土中以促进腐烂，并将土中病虫翻出晒死或被天敌杀灭，必要时可适量撒些石灰进一步消毒。播种时进行种子消毒，可有效减轻或防治病虫害的发生。合理密植，利于胡萝卜的通风透光，利于防病治虫和除草，利于松土、施肥等。及时清除周边杂草、病残株等，清洁田园，消除病虫害的中间寄主和侵染源。高温季节，利用换茬时期覆盖地膜进行土壤消毒，能有效减轻部分病虫害。建立平衡的生产体系，模拟自然生态系统，增加栽种植物多样性。

（2）**生物防治和物理防治**　有机胡萝卜栽培中可利用害虫天敌捕食害虫，还可利用一些昆虫固有的正向或负向的趋光性、趋味性和对颜色的刺激，进行大量的集中诱杀或驱避。较为广泛使用的方法包括：性引诱剂；黑光灯捕杀蛾类害虫，高压汞灯、频振式杀虫灯杀虫；糖醋液诱杀成虫；黄板诱杀蚜虫、白粉虱；银灰色地膜驱避蚜虫等。应用物理方法进行棚外防治，4—10月用触杀灯诱捕夜蛾类、螟蛾类害虫，每台灯可控制30亩土地上的害虫，每夜高峰时可诱蛾百头以上，而银纹、斜纹夜蛾在10～20头。大棚栽培胡萝卜，可于通风口处设置防虫网以阻隔害虫入室危害，并可防止虫媒病害传入棚室侵染。除此之外，还可以以虫治虫，人工繁殖、网捕或引进赤眼蜂、瓢虫、捕食螨等天敌进行防治。

（3）**矿物质药剂防治**　硫磺，消毒土壤以防治病害。波尔多液，为广谱无机杀菌剂，组成为硫酸铜∶生石灰∶水＝1∶1∶200，连续喷2～3次可控制真菌性病害。辣椒汁，浓度为0.5%的辣椒汁可预防病毒病，但不起治疗作用。增产菌，用于防治软腐病。高锰酸钾，用100倍液可进行土壤消毒。弱毒疫苗N14，用于防治烟草花叶病毒。木醋酸，防治土壤、叶部病害，用300倍液于发病前或发病初期喷2～3次。硫酸铜，96%硫酸铜1000倍液可防治早疫病。生石灰，用于土壤消毒，每亩用2.5千克。沼液，可减少枯萎病的发生，防治蚜虫。

（4）**植物药剂防治**　可用于有机胡萝卜生产的药用植物有除虫菊、鱼腥草、大蒜、薄荷、苦楝等。如用苦楝油2000～3000倍液防治潜叶蝇，用文菊30克/升（鲜重）防治蚜虫。浓度为36%的苦参水剂对红蜘蛛、蚜虫、小菜蛾、白粉虱具有良好的防治效果。浓度为0.3%的苦参碱植物杀虫剂500～1000倍液可防治蚜虫等。苏云金杆菌为细菌性杀虫剂，对鳞翅目、鞘翅目、直翅目、双翅目、膜翅目害虫均有防治效果。肥皂水，用200～500倍液防治蚜虫、白粉虱。鱼藤酮为广谱杀虫剂，对小菜蛾、蚜虫有特效。

6. 除草技术

因不能使用基因工程产品和化学除草剂，有机胡萝卜生产中一般采用人工除草。在使用含有杂草的有机肥时，需要使其完全腐熟，从而杀死杂草种子，减少带入菜田的杂草种子数量。此外，还可以采用以下方法。

（1）**覆盖除草法** 为防止杂草生长，可以采用黑色塑料薄膜覆盖；也可以采用其他覆盖材料，如纸板、煤渣、草木灰等；还可因地制宜，就地取材，比如用树叶、稻草、稻壳、花生壳、棉籽壳、木屑、蔗渣、泥炭、纸屑、布屑等材料覆盖地面，均有防治杂草的效果。这些材料在田间腐烂后又可增加土壤中的有机质含量。

（2）**种植绿肥除草法** 当菜田休闲时，种植一茬绿肥，可以防止杂草丛生，在绿肥未结籽前翻入土中可作为肥料。一般夏季种植田菁、太阳麻，冬季种植油菜花、紫云英、埃及三叶草、豌豆、苜蓿、红花苕子、燕麦、大麦、小麦等。到春季未开花时耕翻入土，不仅可防止杂草生长，还能克服连作障碍。

第五章
胡萝卜间作套种栽培关键技术

一、间作套种搭配原则

间作套种也可称为立体农业，是指在同一土地上按照一定的行、株距和占地的宽窄比例种植不同种类的农作物，是充分利用种植空间和资源的一种农业生产模式。一般几种作物同时期播种的叫间作，间作作物的共生期至少占一种作物全生育期的一半。不同时期播种的叫套种，在前茬作物生长后期于株行间播种或移栽后茬作物的种植方式也叫套种，套种作物的共生期较短，一般不超过套种作物全生育期的一半。

间作套种这种传统的农业生产经验，越来越受到农民的重视。如果对间作套种的理解程度不够，间套方式欠妥，会造成减产，进而遭受损失。间作套种搭配应遵循以下原则。

一是选择播种、定植、收获期相近的种类间作，以便于统一耕作和田间管理，及时腾茬。间作套种的作物，主、副作物成熟时间又要适当错开，这样晚收的作物在生长后期可充分地吸收养分和光能，促进高产。同时错开收获期，可避免劳动力紧张问题，又有利于间作下茬作物。也可以是一次收获和陆续收获的作物相配合。

二是间作套种的作物根系应深浅不一。深根系作物与浅根系喜光作物搭配，在土壤中各取所需，可以充分利用土壤中的养分和水分，促进作物生长发育，达到降耗增产的目的。

三是间作套种的作物植株应能高矮搭配，这样才有利于通风透光，充分利用太阳光。间作套种的作物种植密度要一宽一窄。一种作物种宽行，另一种作物种窄行，这样便于通风，保证增产优势。间作套种时耐阴作物宜与抗旱作物搭配，这样可充分发挥水肥作用，增强作物抗灾能力，有利于减轻旱涝灾害。

四是间作套种的作物，结实部位以地上和地下相间为宜，就是茎秆上开花结实的作物与在地下结实的作物套作。这样不会在授粉上互相竞争，地上茎秆开花结实的作物可独享风、虫媒介体，有利于增产。

五是要认识作物的相亲与相克。作物的相亲相克，是指两种或两种以上作物种植在一起，双方分泌的杀菌素、生长素、有机酸、生物碱等化学物质直接或间接地影响对方的生长。促进双方正常生长的为相亲；反之，则为相克。

蔬菜间作套种时还应注意，同类、同科蔬菜易感染相同的病虫害，不宜间作套种。种植密度以影响主作菜的生长为限度。主菜与间、套作菜共生阶段的田间管理应二者兼顾，二者矛盾时，以主菜为主。用间、套作方法栽培蔬菜要注意增施基肥，加强肥水管理，保证需求。

二、间作套种的常见模式

1. 胡萝卜与青菜、马铃薯、甜瓜间作套种栽培关键技术

（1）品种选择　胡萝卜选用优质高产、耐热抗病、质脆味甜的品种。春小青菜选用优质、高产、抗病的上海小叶青等矮箕种。冬青菜选用优质、高产、抗病、耐寒的品种。春马铃薯选用早熟、优质、高产、抗病的品种，以脱毒种薯为好。播前1个月选择表皮光滑、色正、无伤病的马铃薯催芽切块。甜瓜选用优质、高产、抗病、耐贮运的品种，就近销售的也可选用肉脆、汁多、味甜的青皮绿肉型薄皮甜瓜。

（2）**播种季节** 长江、淮河流域，胡萝卜于8月初选晴天稀播，11月中旬采收。冬青菜于10月上旬撒播育苗，11月中旬在胡萝卜采收后随即东西方向挖畦，选择壮苗进行低沟套种，春节前后上市，2月底采收完毕。春马铃薯于2月上旬进行温室或双膜保温催芽，3月上旬地膜栽植，5月下旬采收。3月上旬马铃薯栽植后，在甜瓜预留的60厘米的空幅间撒播小青菜，4月下旬采收小青菜。甜瓜于3月中旬选晴天进行营养钵薄膜育苗，4月下旬地下5厘米地温在15℃以上，待苗龄30～35天、有3～4片真叶时选择晴天进行地膜移栽定植，6月下旬开始采收，7月下旬采收完毕。

（3）**关键技术** 选择排灌良好、肥沃疏松的沙壤土。根据当地土壤肥力平衡施肥，结合施基肥深耕细耙。深沟高畦种植，畦宽3米，胡萝卜秋播定苗时苗距13厘米。冬青菜于胡萝卜采后栽植，行距20厘米，株距16～18厘米。马铃薯每畦3垄，垄宽60厘米，垄高15～20厘米，单垄单行种植，株距20厘米。马铃薯垄与垄之间60厘米的空幅间栽甜瓜，可先种一季春小青菜再种甜瓜，每畦2行，行距1.2米左右，株距40厘米。

胡萝卜播后要浅搂拍实，趁墒情较好时用除草剂灭草保苗，齐苗后结合中耕锄草，及时间苗2～3次。定苗后及时追肥催苗促长。在生长期，特别是肉质根膨大期要及时追肥，并浇水保湿。

青菜适墒播种，播后浅搂拍实，浇水保墒。因其为速生型蔬菜，生长期要注重肥水管理，轻浇勤浇，每5～7天追适量速效氮肥1次。冬青菜在越冬前每亩用腐熟人畜粪1500千克兑水浇施。结合覆草（或秸秆），最好于严寒来临前用黑色遮阳网覆盖，利于御寒防冻，护苗越冬。

春马铃薯地膜栽培，播前先开沟，一次施足肥水，催芽播种。现蕾期结合浇水追肥一次，若植株长势弱，可在开花期再追施钾肥一次。浇水或大雨后，要中耕、培土2～3次，封垄前的最后一次要深培土，防止薯块见光变绿。

甜瓜移植前需要一次施足肥水。喷除草剂，每亩用50%扑草净可湿性粉剂0.15千克，兑水50升均匀喷雾土表。定植后浇足定根水，培土保湿。幼苗有5片真叶时进行第一次摘心，每株选留2条健壮子蔓。当子蔓长至5～6叶时进行第二次摘心，每条子蔓选留3条健壮孙蔓结果，其余全部摘除。当孙蔓基部幼果坐稳后进行第三次摘心，每条孙蔓留1个果，每株留果5～6个。伸蔓期开穴追肥。生长期间注重防治黄守瓜、红叶螨及霜霉病、白粉病等，遇多雨季节及时疏沟排水。

2. 胡萝卜与洋葱、辣椒间作套种栽培关键技术

（1）**品种选择**　胡萝卜选择抗旱、耐瘠薄、抗逆性强、丰产性能好、色泽美观的品种。洋葱选择抗病、优质、丰产、抗逆性强、商品性好的品种。辣椒选择中早熟、抗病、丰产、形状好的青椒品种。

（2）**播种季节**　随着农业种植结构不断调整，甘肃地区应用洋葱、辣椒、胡萝卜间作套种模式的栽培面积比较大。洋葱10月初小拱棚育苗，12月下旬至翌年1月上旬定植，5月收获，每亩产量5 000千克左右。辣椒3月中旬直播于洋葱行间，6月开始采收，每亩产量3 000千克左右。胡萝卜8月中旬直播于辣椒行间，11月中下旬收获，每亩产量5 000～5 500千克。其他地区可根据当地气候安排茬口。

（3）**关键技术**　洋葱播后用草木灰加细河沙盖平，补足水分，盖遮阳网。当出苗率达到60%～70%时，揭去遮阳网。根据水分蒸发情况及时浇水或喷水。防治病害可在傍晚或清晨用75%百菌清可湿性粉剂600倍液，或50%多菌灵可湿性粉剂500倍液进行喷雾。幼苗高15～20厘米即可定植，起苗前浇足水分。

　　结合耕地施足基肥，每亩施优质农家肥5 000千克、磷酸二铵25千克，施后耙平，挖穴定植，株距20～25厘米，行距30～35厘米，定植后浇水1～2次。田间土壤要保持湿润，相对含水量达到60%～70%。定植6～7天后浇水追肥，每亩追施尿素10千克左右，然后进行第一次中耕。在鳞茎分化期进行第二次追肥，每亩施尿素15千克，也可叶面喷施0.2%磷酸二氢钾，然后进行第二次中耕。当植株生理发黄、球茎直径达8～10厘米时开始采收。

　　当洋葱进入鳞茎膨大初期，在洋葱行间穴播辣椒种子，每穴播种3～5粒，或用营养钵育苗，每钵放入3～5粒。培育壮苗，保证田间湿度，起苗前1天浇足水。定植地要结合深耕施足基肥，每亩用农家肥5 000千克、磷酸二氢钾2.5千克、硫酸钾20千克。株行距30～40厘米。定植后浇水1～2次，田间土壤相对含水量60%左右。结合浇水每亩施尿素5～10千克。中耕松土，一般中耕松土3次，培土2次。防止潮湿、大水漫灌浸湿辣椒根部，每采收1次需根外追肥1次，用磷酸二铵20千克。及早采收门椒，及时采收对椒和四门斗椒。

　　8月下旬在辣椒行间中耕松土，播种胡萝卜，注意不要损伤辣椒。出苗后，要及时间苗、定苗，株行距10厘米左右，定苗后结合浇水每亩施尿素10千克左右。生长后期结合浇水追施尿素2～3次，每亩10～15千克，还要进行中耕除草和培土。胡萝卜采收时间视市场行情而定，采收后可以贮藏至春节或蔬菜淡季出售。

　　3. 胡萝卜与菠菜间作套种栽培关键技术

　　（1）**品种选择**　胡萝卜选择早熟、品质佳、高产、抗性强的品种。菠菜选择耐寒、抗病、优质、高产的品种。.

　　（2）**播种季节**　胡萝卜进行垄栽，菠菜种在垄沟内。各地区可根据当地气温条件来确定播期。以山东地区胡萝卜套种菠菜为例，胡萝卜于 8 月中旬选晴天稀播，11 月中旬采收。菠菜在 10 月上中旬进行播种，视市场行情而确定采收时间，采收后可以贮藏至春节或蔬菜淡季出售。

（3）**关键技术**　胡萝卜垄栽，垄沟内套种菠菜，能充分利用单位土地面积和光能，可提高总体经济效益。胡萝卜播种可采用起垄条播机，垄距 60 厘米，垄面宽约 30 厘米，垄高 20 厘米，垄沟宽 30 厘米，垄面平整，土要细碎。

胡萝卜单垄双行种植，株行距 10 厘米，条播。浇水后 2～3 天，菠菜浸种催芽，然后将种子拌草木灰或细土播种，在垄沟内按株距 20 厘米点播，播种深度 2.5 厘米左右。胡萝卜在幼苗期 1～2 片真叶时间苗、4～5 片真叶时定苗，间苗、定苗后与菠菜同时进行浅锄中耕、锄草，注意不要伤根，胡萝卜中耕时要浅培土。植株封垄前，要深耕培土，以防止根头见光变绿成为青头。

胡萝卜虽是耐旱根茎类蔬菜，但也不能过于干旱，垄面要保持湿润，切忌忽干忽湿。特别是播种后出苗前要求垄面湿润，利于出苗整齐。胡萝卜、菠菜出苗后的共生期再浇水 1 次。胡萝卜齐苗后 1 个月左右要减少浇水次数，进行蹲苗，防止植株徒长，促使植株主根和须根深扎。当肉质根手指粗后，生长最快，这个时期要加强水肥管理，结合浇水每亩施三元复合肥 15 千克。

4. 胡萝卜与绿芦笋间作套种栽培关键技术

（1）**品种选择**　绿芦笋品种目前多数是从国外进口，加州 309、玛丽·华盛顿、UC800 等品种较好。胡萝卜品种主要选择日本的红誉五寸、新黑田五寸人参等。

（2）**播种季节**　绿芦笋在北方地区一般 1 月上中旬在日光温室中进行育苗，当幼苗地上茎长出 3 根以上时进行移栽定植。春胡萝卜 3 月下旬至 4 月上旬播种，播种后 90～100 天收获。

（3）**关键技术**　购买通过休眠期的种子，在播种之前晒种 2～3 天，按品种说明或做发芽率试验确定播种量。因为绿芦笋种子皮厚坚硬，吸水困难，发芽缓慢，所以对晒种后的种子要进行漂洗、消毒、浸种、催芽，一般在播种前 20 天进行。先将种子放入凉水中漂洗，除去秕种。漂洗后对种子进行药剂消毒处理，杀死种子表面的病原菌。可用 50% 多菌灵可湿性粉剂 50 克加水 12.5 升，充分溶解后，放入种子 10 千克，浸种 24 小时。然后浸种催芽，将种子浸泡在 30℃温水中 2～3 天，为了防止闷种，每天用温水冲洗种子 2～3 次，待种子充分吸水膨胀后，捞出沥干，在种子表面盖一层湿布以保持湿润，温度控制在 25～30℃。当 10%～15% 的种子萌动露白时即可播种。

1 月上中旬，在日光温室中采取营养钵基质育苗。营养土一般用过筛后的疏松、肥沃土 8 份，腐熟的圈肥 2 份，加入适量水混合配制，达到营养土手握成团、落地即散为宜。将营养土装入 10 厘米×10 厘米的营养钵，基质面一般离钵口 1 厘米左右即可。装好后，每个营养钵内点播 1～2 粒种子，覆盖薄薄一层营养土，再用稻草覆盖，摆好育苗盘，适当淋水以保持营养土和稻草湿润，最好搭上遮阳网进行遮阴。

绿芦笋约需 40 天齐苗。从种子萌芽至幼苗生长期间，管理要点是环境条件控制，尽量满足萌芽及幼苗生长发育对环境的要求，培育壮苗。要调节好温湿度。发芽期间，白天温度控制在 25～30℃，营养土要保持湿润。50% 种子出苗时，要逐步揭去稻草，避免幼苗纤弱和伸展不利。幼苗生长期温度白天 20～25℃、夜间 16～18℃，同时注意增加光照时间。幼苗期追肥要薄肥勤施。当苗高达 10 厘米时轻施肥，尿素兑水使浓度约为 0.6%，每亩泼施 300～400 千克。以后每隔 15～20 天追肥 1 次，每次用 0.5～1 千克尿素兑水 50 升泼施。在第二条地上茎抽出时，施肥浓度要适当增加。幼苗生长期怕旱，更怕涝。旱情轻时生长缓慢，旱情重时茎叶枯黄，生长停滞。因此，视营养土湿度状况适时淋水。当雨水较多时及时排水，防止根溃烂。幼苗生长期茎秆组织比较幼嫩，抗病力弱，要调节好苗床温湿度，避免高温多湿。若发生病害，可选用70%甲基硫菌灵可湿性粉剂500倍液，或者用多菌灵、百菌清等药剂防治。虫害主要防治夜蛾科幼虫。

定植要深翻整地。按南北行向挖定植沟，行距1.2～1.4米，株距25厘米，沟宽40厘米，沟深40～50厘米。每亩用5 000千克的土杂肥拌土填入沟内，沟面要略低于地平面，垄面呈中间高、两边低的小拱面，土细面平。当芦笋幼苗地上茎长出3根以上时，选取苗高40厘米以上、茎粗0.5厘米、根系发达、无病虫害的健壮苗进行移栽定植。起苗时可先沿笋苗株行中间，用铁铲割成方块，然后带土将苗起出，按株距25厘米、笋苗鳞茎盘低于定植沟表面10～12厘米栽于定植沟间，然后浇水。要适时松土保墒，视墒情适时浇水。为加速笋苗生长，定植1个月后每亩追施三元复合肥20～25千克。注意蚜虫危害，及时防治。

春胡萝卜北方一般在3月下旬至4月上旬播种。选择干净的新鲜种子，晴天晒种1～2天，温水浸种5～6小时，稍晾后装袋闷种10小时，然后播种。胡萝卜播在绿芦笋行间，平畦栽培，畦宽1～1.2米，行距约25厘米。耕前每亩施腐熟粪肥2 500～3 500千克或堆肥4 000～5 000千克、三元复合肥40～50千克，深耕25～30厘米，耙细整平。一般进行2次间苗。1～2片真叶时间苗，4～5片真叶时定苗，株距10～12厘米，每亩留苗6万株左右。定苗后进行2次浅中耕除草。植株封垄前进行最后1次中耕，将细土培至肉质根根头，防止青头。

胡萝卜的发芽和幼苗期正值早春低温，不是特别干旱一般不浇水。5～6片真叶时即破肚期，可结合浇水每亩施尿素10～15千克。7～8片真叶时要适当控制浇水，加强中耕松土，促使主根下伸和须根发展，防止叶部旺长。当肉质根手指粗细时，要及时结合浇水进行追肥。以小水勤浇为原则，使土壤经常保持湿润。胡萝卜播种后 90～100 天，当叶片不再生长、下部老叶变黄时即可收获。

春胡萝卜收获后及时耙平绿芦笋行间土地，同时进行培土。8 月追肥 1 次，每亩追施尿素 20 千克、硫酸钾 20～25 千克。立冬前后浇 1 次大水，然后适当培土，一般培土 10～15 厘米厚，保墒保温，保护幼笋安全越冬。

5. 胡萝卜与甘蓝间作套种栽培关键技术

（1）**品种选择**　甘蓝选用适合早春栽培的早熟、高产、耐低温品种。胡萝卜选用适合秋季栽培的优质、高产品种。

（2）**播种季节**　甘蓝 1 月初阳畦育苗，3 月下旬至 4 月初定植，6 月中旬开始收获。7 月下旬露地直播胡萝卜，一般在 10 月中下旬收获。

（3）**关键技术**　育苗栽培，定植前结合整地每亩施有机肥 2 000～3 000 千克、磷肥 25～30 千克。平畦种植，按 40 厘米行距开沟，株距 40 厘米，定植后浇水。当甘蓝新叶生长时，每亩追施尿素 7～8 千克。当甘蓝球直径为 7～8 厘米时，每亩冲施尿素 15 千克。此后，每隔 5～6 天浇 1 次水，生长期主要防治蚜虫。

甘蓝收获后，结合整地每亩撒施充分腐熟的有机肥 2 500 千克、三元复合肥 30～40 千克，深翻 25～30 厘米，耙 2～3 遍，平畦种植。7 月下旬畦面划浅沟播种，行距 20 厘米，沟深 1～2 厘米，力求深浅一致，覆土 1 厘米厚，踩实，浇水。胡萝卜共间苗 2 次，分别在 1～2 片真叶时、3～4 片真叶时进行，同时拔除杂草。5～6 片真叶时定苗，株距 10 厘米。定苗结束后，结合中耕除草，每亩施尿素 5～10 千克，不是特别干旱不要浇水。9 月中下旬，肉质根开始膨大时，结合浇水每亩施三元复合肥 25 千克。生长期主要防治黑斑病。

6. 胡萝卜与玉米间作套种栽培关键技术

（1）**品种选择**　胡萝卜宜选择早熟、冬性强、不易先期抽薹、耐热性强的品种。玉米选用丰产大穗、植株紧凑的品种。

（2）**播种季节**　春胡萝卜播种期的选择应以 5 厘米地温稳定在 8～12℃时为宜。长江流域以北一般 3 月至 4 月初播种，以 2.1 米（2 个垄宽，1 个垄距）为一个种植带起垄，垄距 30 厘米，垄宽 60 厘米，垄高 15 厘米。垄上双行播种胡萝卜种子，行距 17～20 厘米，沟深 3～4 厘米。4 月中下旬在两垄之间种植 1 行玉米，株距 24 厘米，每亩留苗 1 300 株。胡萝卜最迟于 7 月中旬收完，糯玉米于 8 月中下旬收获完成。

（3）**关键技术**　前茬作物收获后，及时耕翻、晒垡。播种前，浇底水造墒，每亩施有机肥 3 000 千克、磷酸二铵 50 千克、过磷酸钙 20 千克、优质复合肥 100 千克。基肥施入后，深耕 25～30 厘米，耙平，起垄，土壤要求疏松细碎，以提高出苗率。春播气温低，胡萝卜发芽慢，可采用浸种催芽的方法来促进提早出苗。在垄上小沟内，可人工播种，也可以用小型播种机播种。播时可将适量细沙与种子拌匀后再播种，播种量比秋播稍大些。覆土 1.5～2 厘米厚，镇压，镇压后仍留 2～3 厘米深的浅沟，防止出苗后薄膜烧苗，覆 80 厘米宽的薄膜以增温、保湿。4 月 20 日左右，在两垄之间种 1 行玉米。

胡萝卜齐苗后第一次间苗前，在无风的晴天上午揭去薄膜。当胡萝卜 2～3 片真叶时，按株距 3～4 厘米留苗。5 月上中旬，胡萝卜 5～6 片真叶时定苗，苗距 10～20 厘米，结合间苗、定苗进行中耕松土、除草、除弱苗，中耕不能过深，以防伤根。定苗后封垄前进行深中耕并培土，防止根头变青。播种后保持土壤湿润，保证苗齐、苗全。齐苗后，应少浇水，多中耕松土，提高地温。定苗后，追肥浇水 1 次，并进行中耕蹲苗，每亩追施尿素 10 千克。

5 月底至 6 月初，胡萝卜开始进入肉质根膨大期，玉米进入拔节孕穗期，结合浇水进行追肥，每亩施三元复合肥30千克，同时针对糯玉米分蘖性强的特点，及时打杈促进壮苗形成。胡萝卜春种夏收应注意防治蚜虫。胡萝卜叶片不再生长、下部叶片变黄时即可采收，也可根据市场需要，提前收获。糯玉米主要供应市场，可在乳熟期根据市场需要收获。

7. 胡萝卜与春棉花间作套种栽培关键技术

（1）**品种选择** 棉花选择适宜当地生长的高产、抗病、优质品种。胡萝卜选择早熟、优质、高产的品种。

（2）**播种季节** 棉花、胡萝卜同时于4月上旬播种，胡萝卜于6月下旬至7月上旬收获，棉花于11月上旬采摘完毕。

（3）**关键技术** 选择富含有机质、土层深厚松软、田块排水良好、pH值为5～8的沙壤土或壤土田块。冬季深耕，耕前施足底肥，主要以有机肥为主，一般每亩施有机肥3 000千克左右，25%复混肥50千克。棉花种植在垄上，胡萝卜撒播在两垄之间的畦面上，一般垄宽80厘米，垄高10厘米，两垄之间做65厘米宽的平整畦面。棉花和胡萝卜均采用露地直播方式。春播一般在日均温度10℃左右、夜均温度7℃时播种。一般棉花行距80厘米，株距25厘米。胡萝卜在两垄之间的畦面上播种，撒播，播后立即在畦面上盖细土，再在畦中间用锄头划出小浅沟以利排水。

从播种到胡萝卜收获，棉花、胡萝卜的共生期一般在3个月以内。胡萝卜一般于6月底至7月上旬收获，这时棉花生长正处于苗期到蕾铃初期，加强共生期的管理是关系到两种作物产量高低的关键，也是该套种技术成败的关键。要及时中耕除草，以达到除草、增温、保墒、防板结的目的，促进作物的早生快长。要加强肥水管理。棉花齐苗后，轻施一次提苗肥，每亩兑水浇施尿素2～3千克。胡萝卜的整个生长期，可结合浇水施速效肥2～3次，一般在胡萝卜定苗后和肉质根膨大期追施，前期浓度宜稀，后期可稍浓，整个生育期保证胡萝卜有充足的水分。棉花苗期的主要病虫害有炭疽病、立枯病、腐斑病及棉蚜、红蜘蛛、蓟马等，胡萝卜主要虫害有蚜虫等，要综合防治。胡萝卜采收后，要及时对棉花垄进行覆土，增加棉花根部的土壤厚度，促进棉花的正常生长。其后棉花即可进入正常蕾期、花铃期、吐絮期及收获期的大田管理阶段。

第六章
胡萝卜良种繁育技术

一、种株习性

    胡萝卜繁殖种子从播种到种子成熟通常需要两年。第一年播种后，先得到肥大的肉质根，完成营养生长阶段。翌年早春栽植肉质根，进行抽薹、开花、结实，完成生殖生长阶段。胡萝卜属于绿体春化长日照植物，植株达到 4～5 片真叶，有时 2～3 片真叶时就能感受低温，一般感受 10℃ 以下低温累积达 350 小时以上时，即完成春化过程而开始花芽分化，而后在较高的温度和较长的日照条件下抽薹开花。胡萝卜花薹分枝力强，一般主花薹可分生出一级花枝 5～10 个，一级分枝还可分生大量的二级及二级以上花枝。各级花枝顶端着生复伞花序，一个复伞花序由数十个到百余个小花伞组成，一个小花伞又由数朵到数十朵花组成。主薹复伞花序内的小花伞数和小花伞花朵数最多，侧花枝上相应较少。复伞花序外围的小花伞花朵较多，越接近中心部的小花伞花朵越少。各复伞花序的中心部小花伞和各小花伞的中心部花朵常发育不良，结实率很低。种株开花顺序是：主薹花序先开，约 10 天后一级花枝开花，再约 10 天后二级花枝开花。每个复伞花序是外围小花伞先开，中部小花伞后开。每个小花伞内是外围花朵先开，中部花朵后开。一个植株的花期为 40～50 天，一个品种的花期为 50～60 天。高温时花期缩短，低温湿润时花期延长。

胡萝卜是典型的雄蕊先熟植物，花瓣张开后花药开裂散粉，2～4天后柱头才成熟，柱头接受花粉的能力可保持7～8天。胡萝卜需要虫媒异花授粉，同花自交率低，但仍有15%左右的同株自交结实率。一花结两个果实，成熟后果皮与种皮密接在一起。由于果皮革质化，透水透气性差，加之种胚小，许多种子胚发育不良甚至无种胚。

二、繁育环境条件

种株的生长与肉质根的生长对环境条件要求大不相同，只有提供适宜的生长发育条件，才有利于植株健壮生长，实现种子高产。

1. 温度

胡萝卜需要在温暖干燥的条件下进行良种繁育。一般以白天温度22℃、夜间温度15℃为宜，温差越大，花枝分生越多，单株采种量越高。盛花期以日平均温度18℃为宜，花谢期以日平均温度20℃左右为宜，有利于种子发育成熟。

2. 光照

胡萝卜是长日照植物，每日13小时以上光照才能满足胡萝卜抽薹开花的需要。如果光照在12小时以下，虽然有足够的温度，但抽薹开花受到抑制；在14小时以上的光照条件下花枝繁茂，结实率高。

3. 水分

胡萝卜肉质根栽植的土壤持水量以65%～80%为宜。开花时是种株需水量最多的时期，如果遇到干旱需要及时灌水。一般如在花期和灌浆期遇到天旱，应每7～10天浇1次水，促进开花结实。种子成熟时期，天气晴朗，雨水较少有利种子高产。若开花或种子成熟时遇到连续降雨，则会授粉不良，结实率低，种子易霉烂、发芽力降低。

4. 土壤

种株易在 pH 值为 6.5～7.5 的土壤中生长，如果土壤过酸对生长不利，可用石灰中和酸性。

5. 肥料

一般每亩施有机粪肥 3 000 千克、钾肥 25～30 千克、磷肥 50 千克。为了防止种株徒长，不宜施用过多氮肥，控制在 20 千克即可。

三、常规繁育技术

胡萝卜是异花授粉植物，靠蜜蜂或其他昆虫传粉，某一品种能与其他品种和野生种发生天然杂交，隔离的对象主要是其他栽培品种和野生种，保证繁殖原种绝对隔离安全。胡萝卜采种需经过肉质根选择、贮藏、栽植与采种等重要生产管理环节。

1. 繁育方式

繁种方式有两种：其一，大根成株采种法。在山地地区一般是 8 月上旬播种，11 月中下旬采收。采收时严格挑选具有该品种特点的大肉质根作为种株根，经过窖藏越冬，翌年春天土壤化冻后定植在隔离区中采种。此法要选择具有良繁品种标准特征特性的肉质根，以保持原品种的种性纯度。用此法生产的种子种性好、质量高，但成本也较高，多用于原种生产。其二，中型（半大）根成株采种法。此法一般比大根成株采种迟播 15～20 天，11 月底采收未充分膨大的肉质根，经窖藏越冬后定植在隔离区采种。此法的优点是占地时间短，生产成本低；缺点是不能严格选择种株根，种性质量较差，故多用于生产用种繁殖。

2. 繁育方法

培育好种根是种子高产的关键，胡萝卜的根系由粗大的主根、细小的侧根和根毛组成，因而必须为肉质根的膨大创造良好的条件。大种根的单根较重，以 0.1～0.15 千克为宜。中型根的单根重为 0.05～0.075 千克，最大不超过 0.08 千克，最小不低于 0.035 千克。种根太大，投资高，增加了繁种成本，降低了生产效益；种根太小，不但种性与质量难以保证，而且种株生长不壮实，影响种子产量。

（1）**精细整地，施足基肥**　种根繁殖地需要深耕细整，耕深 25～30 厘米。施肥以基肥为主，追肥为辅，宜用腐熟的粪肥。一般每亩施用腐熟厩肥和畜粪尿 2 500 千克、过磷酸钙 15～25 千克、硫酸钾 20 千克。施肥后要耕翻、耙细、整平，做畦或起垄播种，以利灌水和排水。

（2）**适期播种**　播种方式可因地制宜，地下水位低、降水量少的地区，可采用平畦播种，畦宽 1.2～1.3 米，畦长 10～15 米。地下水位高、降水多的地区，可采用起垄种植法，垄带宽 90 厘米，垄面占 70 厘米，垄沟占 20 厘米，垄高 15 厘米，马鞍形。用大根繁殖的种子播种期，一般与当地适宜的商品胡萝卜播种期相同，让种根充分膨大，以利选择某品种特征的肉质根，提高原种种性；用中型根繁殖的种子播种期，可比种植商品胡萝卜播种期推迟 15～20 天。在山东地区，用大根繁殖的播种期，东部为 7 月 20—25 日，西部为 8 月 5—10 日。用中型根繁殖的种子播种期，东部为 8 月 1—5 日，西部为 8 月 10—15 日。播种时条播、穴播、撒播均可。机械条播行距为 16～18 厘米。人工条播，先用锄头开播种沟，沟深约 5 厘米，株行距同机械条播。穴播时株行距为 13 厘米×13 厘米。播后覆土，做到细、浅、匀。播后有灌溉条件的可浇灌 2～3 次水，保持土壤湿润促出苗。无灌溉条件的可用麦草或杂草覆盖保墒促出苗，力达苗全、苗匀、苗壮。

（3）**增加种植密度**　为了多产种株根扩大栽种田面积，种植密度要比商品胡萝卜密度大 50%～70%。每亩播种量，毛籽

1.5～2千克，净籽0.75～1千克，以播种量保密度。播种方式采用条播或撒播均可。留苗密度，每亩以5万株为宜，株行距均为11厘米。这样的密度可增加肉质根数量，降低生产成本，扩大繁殖系数。经挑选后以每亩产3万个肉质根计算，单根平均0.1～0.15千克，每亩栽植3 000～3 500株，则需种根重量0.3～0.55千克。种根经选择后繁殖系数为1∶（4～6）。如果每亩留种根密度加大到5万株，用中型根繁种，种根成本降低，且可节省繁殖肉质根面积，扩大繁殖系数，增加繁种效益。

（4）**加强田间管理** 第一，要间苗、定苗。胡萝卜喜光线充足，幼苗出土后，要及时分次间苗，除去杂苗、劣苗和过密的弱苗，保持株行距均为11厘米。第二，要拔除杂草。胡萝卜在温湿度适宜的条件下，从播种到出苗需历时12天左右。往往是苗未出而草先见，及时拔除杂草可护苗健长。也可用除草剂除草，常用乙草胺，在播种后和出苗前使用，或用50%扑草净可湿性粉剂，每亩用量为0.1千克，喷雾处理土表。第三，要遇旱灌水，遇涝排水。第四，适时追肥。在施足基肥的基础上，在膨大初期每亩追施尿素10～15千克，促进肉质根膨大。

（5）**采收、选种、冬贮** 对种根要适时采收，防止受冻。在山东地区一般适收期在11月中下旬。要严格选种，选种时应注意以下几个方面：种根一定要符合所繁品种肉质根的特征，否则一律淘汰掉；肉质根要整齐一致，表皮光滑，根茎顺直，皮色鲜亮；种根不裂根、不分叉，无病虫危害痕迹、无伤痕；单根重0.05～0.08千克，生长点保留2～3厘米叶茎，其余剪除掉。规模化繁种，冬藏越冬可选择坑式贮藏。坑深1米，坑宽0.7～1米，坑长依贮存量而定。坑中贮藏胡萝卜，高度在0.85米左右，贮藏初期可覆盖细土5～8厘米厚，12月再增加10厘米土可安全越冬。

3. 安全隔离

胡萝卜为异花授粉植物，靠蜜蜂和其他昆虫传粉，有时风力也起传粉作用。隔离对象主要是其他栽培品种和野生胡萝卜。空间隔离距离必须在 2 千米以上，网罩隔离时必须在棚内放置传粉昆虫或进行人工辅助授粉，否则种子产量会大幅降低。因此，繁种田块周围 2 千米内要无其他胡萝卜品种种株田和野生胡萝卜植株。胡萝卜繁种田隔离，主要采用空间隔离，既省事又能降低成本。也可采用障碍物隔离，如树林，建筑物等。用高秆作物玉米、高粱、向日葵隔离则要有 200 米以上的隔离带。胡萝卜不会与芹菜、芫荽等其他伞形科蔬菜杂交，无须隔离。

4. 整地施肥

原种繁殖地需要深耕细整。施肥以基肥为主、追肥为辅，宜用腐熟的农家肥料，以免因肥害影响品质与产量。每亩施用腐熟的厩肥 3 000～4 000 千克、硫酸钾 20 千克、过磷酸钙 15～25 千克，或施用优质复合肥 50～75 千克。施肥后耕翻、耙细、整平，做高畦、高垄栽植，以利排水灌水。

5. 适时栽植

贮藏根在窖中开始萌芽，春季土壤化冻，土温达 5～7℃时即可定植。山东地区一般在"雨水"过后定植比较适宜。通常在制成的高畦、高垄上用铁铲挖窝进行沟栽或穴栽。肉质根入土深度以根顶部比地面低 1～2 厘米为宜，肉质根较长的可斜栽，栽后踩压踏实根际土壤，使根与土壤紧密接触，顶上覆盖细湿土 1～2 厘米厚，防止鼠、兔危害肉质根。墒情好的可等到天气转暖后灌水，墒情差的可在 5～6 天后灌一次水，促进生长发芽抽薹。灌水后合墒中耕松土，保墒提温，以利侧根发育。

6. 合理密植

胡萝卜种子的产量是由单位面积栽植株数、每株花伞多少和大小、千粒重三方面因素构成，不是某一个因素就能决定的。因此，只有做到合理密植，协调三方关系，才能增加产量，提高种子质量。有研究表明，采用 1 主枝 4 侧枝花伞的留种方式较佳，每亩的适宜密度为 3 000～4 000 株。

7. 种株管理

留种田应及时、精细管理，才能使植株生长健壮、侧枝壮、花伞大、花数多、坐果多、产量高。种株的管理需要做好以下几点：一是灌好稳根水。开春栽植后 5～7 天灌一次水，以利侧根生长发育。二是追施抽薹肥。在种株生长到 7～9 片叶时，每亩追施尿素 15 千克，促进形成枝粗薹壮的丰产架子。三是中耕培土。为了保好墒需中耕 2 次，在主薹生长到 30 厘米左右时进行培土，防止植株倒伏。四是遇旱灌水。种株在开花盛期是需水的高峰期，如果干旱就要及时灌水，满足种株开花、授粉、结实的水分需要。五是拔除杂草。6—7 月的光照、气温很适宜杂草生长，如不及时拔除，就会发生杂草丛生，并与胡萝卜植株争肥、争光、争空间。

8. 整枝打杈

胡萝卜种株生长时，在茎枝上每生长 1 片新叶，就从叶腋处分生 1 个分枝。如其自然生长，就会分出很多侧枝。一般主茎上分出一级侧枝 4～7 个，二级分枝 12～21 个，三级分枝 24～42 个和四至五级小分枝。如果不整枝，势必形成多个分枝，造成田间荫蔽，植株徒长，形不成大花伞、多花朵、饱籽粒，特别是小分枝上的小花伞只开花不结实。

整枝方法：第一次整枝，将种根生长点上生出的主薹，只保留 1 个健壮的薹做骨干枝薹，其余薹用剪刀剪掉，使营养供主薹之用，形成壮薹。第二次整枝，将主薹上分生的二级侧枝，只留中部 4 个侧枝，将上、下弱侧枝全部剪掉，保留 1 主枝 4 侧枝，共 5 个枝，这样整枝形成的都是大花伞、饱籽粒。第三次整枝，将侧枝上分生的三级、四级、五级分枝生长到 2～3 厘米时剪掉，减少营养无效消耗。第四次整枝，将前三次遗漏的、整后再生的和花伞下部分生的分枝剪掉，使植株层次分明、花伞大、花数多、籽粒大、产量高、种子质量优。通过 4 次整枝，田间的通风透光条件变好，病虫害减少，植株生长健壮，抗倒伏能力增强，产量提高。

9. 辅助授粉

胡萝卜是虫媒传粉作物。有研究表明，对繁种田进行人工辅助授粉可显著增加产量。人工授粉的方法与技术：一是准备好授粉用具。授粉器可选用海绵泡沫，将厚度在5～7厘米的泡沫裁剪成长10～12厘米、宽5～7厘米的条块，用水冲洗干净，晒干即可。二是掌握好花期。经整枝打杈的植株，一般开三批花，第一批是主茎花序，因开花早、花少，吸引的昆虫也少，往往出现授粉不良的问题。第二批是1～3侧枝花序，几乎同时开，也是开花盛期。第三批是4～6侧枝花序同时开花，进入开花后期。每批花序开花的时间相隔为7～10天。三是做到及时授粉。对每批次花做到及时人工辅助授粉，并要在开花当天的上午10—12时进行授粉，提高雌花受粉率。四是科学采授粉。胡萝卜人工辅助授粉要做到随采粉随授粉，连续作业。先用左手扶住花伞茎，右手拿泡沫在花盘上采粉，接着就用采到粉的泡沫给另一株花伞授粉。因为胡萝卜每个花序外圈先开花，内圈后开花，分两次授粉可使外内都能授上粉，结实率较高。一般一个人上午可授粉130～200平方米。

10. 病虫害防治

胡萝卜的病虫害较少，但要高度注意，及时对症防治。繁种田常发生的病虫害如下。

（1）**花叶病毒病**　在抽薹后生长期间，发生在幼茎和叶片上，轻者形成明显斑驳花叶，重者叶片严重皱缩，有的叶片扭曲畸变，茎尖发育受控。此病主要依靠蚜虫传播。防治时可用10%吡虫啉可湿性粉剂800倍液与1.5%植病灵乳剂1 000倍液或1∶30的鲜豆浆低容量喷雾，每隔7天喷1次，连喷3～4次。

（2）**根结线虫病**　此病主要发生在根系上。症状表现为染病后产生瘤状大小不等的根结，将根结解剖，病部组织里有很多细小的乳白色线虫藏于其内。地上部表现症状轻，病株不明显，重病株生长发育不良。叶片中午萎蔫或逐渐枯黄，植株矮小，发病严重时，全田植株枯死。防治方法为实行 3 年以上轮作。在休闲季节，重病田灌水 10～15 厘米深，保持 1～3 周，使线虫缺氧窒息而死。采收后彻底清洁田园，将病残体带出田外集中烧毁，降低虫源基数，减轻线虫的发生。药剂防治可在发病初期用 1.8% 阿维菌素乳油 1 000 倍液灌根，每株灌 0.5 千克，每 10～15 天灌根 1 次。

（3）**蚜虫和椿象甲** 蚜虫主要危害嫩枝嫩叶，而椿象甲主要危害花瓣和花蕊。发现后可用 10% 吡虫啉可湿性粉剂 2 000 倍液或 2.5% 高效氯氟氰菊酯乳油 2 000 倍液防治。椿象甲亦可进行人工捕捉。

11. 适时采收

胡萝卜开花的顺序是每一株的主茎花伞先开，然后是侧枝花伞开，花期可延续 40～50 天，大花伞中每个小伞的花期也持续 7 天左右。所以，胡萝卜的留种田是分批次成熟的，需要分期收获成熟的复花序盘，不要等全部成熟再收获，以防部分花序种子因降雨而霉坏。山东地区种子在 6 月下旬到 7 月上旬陆续成熟。如果及时规范整枝，可分 3～4 次采收。

（1）**花伞与种子成熟标准** 当花序盘变成黄褐色、外缘花梗向内翻卷、下部茎节开始枯黄时可初步判断种子成熟。再进一步观察种子果实，如成为黄褐色，种子上的茸毛干枯即可认为种子成熟。

（2）**采收方法** 第一，剪成熟花伞。从花序茎下 3～5 厘米处用果树剪剪下，装入筐或袋子内收回。第二，晾晒。将收回的花伞倒出摊开，防止种子发热被烧坏，进而使种子不能发芽。再将种伞摊放在太阳下暴晒 2 天，装入编织袋存放。第三，脱粒。用木制连枷或棍棒击打花伞脱粒。经翻动 2～3 次，复打 2～3 次，使花伞茎与花梗和种子分离。第四，过筛。先用竹编或铁制的 4～5 目孔径筛子将花伞茎、长花梗筛出去，再用 10～15 目的小孔径筛子将短花梗隔离出去，最后用 40～50 目箩网将花衣和尘土筛出去，即成半净仁种子。用此方法，一般每个人工一日可脱粒 30～50 千克，较手工搓揉脱粒的每日 5～7.5 千克，可提高工作效率 7～10 倍。

四、杂交繁育技术

胡萝卜杂交种一代优势明显，在株高、根长、根粗、根重等方面都有显著的优势。但因胡萝卜花很小，每花结两粒种子，用人工去雄方法杂交制种不仅费工，也难操作，成本又高。因此，目前都利用"三系法"生产一代杂交种。胡萝卜的雄性不育属于核质互作型雄性不育。杂交制种过程中包括雄性不育系、保持系和恢复系的繁殖，以及利用雄性不育系作母本、恢复系作父本的一代杂交种的生产。在制种中，需要设立 3 个隔离采种区，分别是一代杂交制种区、不育系繁殖区和保持系繁殖区。另外，还可利用胡萝卜自交率低、不同品种间天然异交率高达 80% 以上的特性，采用常规的父、母本品种间相互杂交制种法生产杂交种一代种。但要选用两个优势互补品种配成组合生产杂交种。这两种方式生产的种子都有杂种优势，其中"三系法"生产的优势较高。采用上述方式生产的杂交种，在性状和特性上都优于父、母本，表现出发育快，生长势、生活力、抗逆性强，产量高，品质优，适应性广等特点。有研究表明，一般杂交种因组合不同，在生产上比常规品种增产 5%～30%。

胡萝卜主要性状在杂交种一代上的遗传表现：一是肉质根的长度和粗度表现。属于数量遗传，受多基因控制。长根与短根品种杂交、粗根与细长根品种杂交，其杂交种一代均表现为中间型。究竟偏于母本还是偏于父本品种，因杂交组合和遗传力的不同而有所不同。二是肉质根颜色表现。遗传情况较为复杂，黄色与橙色品种杂交，其杂交种一代在有些杂交组合中表现为黄色，在另一些组合中表现为不同程度的中间色。黄色与红色品种杂交，其杂交种一代表现为中间色型。三是肉质根的光洁度表现。要达到杂交种一代肉质根光洁美观，必须选两个不易发生毛根、歧根和肉质根纵横裂缝的品种作为父、母本，进行杂交组配。四是肉质根营养成分表现。营养成分包括干物质、可溶性固形物、糖分及胡萝卜素等，它们在遗传上均属数量遗传性状。其杂交种一代的表现都属中间型。

1. 亲本的繁殖

为了保证杂交种一代种子纯度，必须对亲本不育系 A、保持系 B、恢复系 C 进行安全隔离繁殖，保障亲本种子纯度不低于 99.8%，以高纯度亲本去配制杂交种，提高杂交种种子纯度。隔离方式为：一是空间隔离。亲本之间、亲本与其他胡萝卜品种和野生胡萝卜相隔 2 千米，确保"二系"不与其他品种自然杂交，保证亲本原种纯度。特别是不育系和保持系要绝对安全隔离，才能选配出高纯度的杂交种子。二是障碍物隔离。可利用树林、建筑物，以及高秆作物玉米、高粱、向日葵隔离，隔离带为 200 米。三是时间隔离。亲本和繁种田花期与其他胡萝卜花期相隔 40～50 天。四是纱网隔离。采用繁种田搭棚架并覆盖 30～40 目纱网隔离。如采用这种方式要在棚内放蜜蜂或进行人工授粉。育种单株隔离可采用套 30～40 目纱网袋进行，但要进行人工授粉。

2. 组合的选配

要获得优良的杂交种，须先经过杂交种亲本配合力的测定，再进行组合制种，避免盲目组配。选择亲本品种时要注意以下几个方面：一是丰产性。由于肉质根根长和根粗都属于数量遗传性状，在选配组合时，可选择一个根较长和一个根较粗的品种作亲本，这样杂交种一代的丰产潜力就大一些。二是优质性。组配的亲本品种，必须选择肉质根颜色为三红或三黄、适口性好、商品性好、含胡萝卜素和维生素类成分高、心柱细、木质化低、韧皮部厚、心肉皮色比较一致的品种。经过配合力测定，其杂交种优势较强，高产优质性状突出。三是叶型性状。为了发挥群体优势以增产，选择的两个亲本品种的叶型要紧凑，叶型呈直立型或半直立型，少选匍匐型。植株单株叶片数少、叶簇不大，有利田间通风透光，增加群体密度，使根冠比增大，突出肉质根的商品性状。

3. 花期的调整

胡萝卜品种间的抽薹开花时间有一定的差异，在春季同一期栽植，早熟品种与晚熟品种的开花期相差 10～15 天，调节好花期对提高杂交种产量至关重要。

调节花期的措施：第一，尽量选择双亲花期相遇品种。双亲花期相差太大，即使杂交种产量高，也会因制种产量低、种子价格高而很难推广。因此要高度注意双亲花期的吻合，为提高制种产量打好基础。第二，错开栽植期，调节花期。可将开花迟的晚熟品种进行冬季栽植，用覆土防冻或地膜覆盖方法保护越冬，促使种根在冬季和早春形成较多的次生根，以利其早发芽出土，早抽薹开花。冬栽的比春栽的早开花 7～12 天。对开花早的早熟品种，在开春适当推迟栽植期，因为栽植既伤顶芽又伤次生根，会延缓发育期，用这种方式可推迟花期 5～10 天。第三，用保护膜调节花期。对开花晚的品种，栽植后采用地膜覆盖，通过提高地温可使花期提前 7～10 天。对开花特别晚的品种可搭小拱棚加地膜栽培，可使花期提早 15 天左右。

4. 父、母本的配比

父、母本的配比合理与否，对制种产量影响很大。若母本行数多、父本行数少，花粉量不足，致使母本受粉不良、结实性差、产量低。若母本行数少、父本行数多，虽保障了授粉，却因产种子的母本行数少而降低了制种产量。因此，在制种田里的母本和父本行数多少，要视品种生长势强弱和父本的花粉量多少而定。据生产实践，一般种植 6 行母本、2 行父本较为合理。如果父本植株长势强，花伞大、多，可采用种植 4 行母本、1 行父本的比例制种。但制种田的母本必须整枝打杈，留 1 个主枝和 4 个侧枝，及时除掉其余枝，促使花伞发育。为了有充足的花粉量，可对父本植株不进行或轻度进行整枝打杈，让其自然生长，为母本提供充足的花粉量，提高授粉结实率。

5. 辅助授粉

人工辅助授粉的方法与技术同常规制种。

6. 收获

胡萝卜的花序形成和开花是分期的，所以种子的成熟也是分期的，不能一次收获。此外，7 月的降雨较多，容易使花序上的种子霉坏变质。因此，只有及时分批采收，才能保障种子质好、色亮、商品性好。在长江中下游地区种子采收一般在 6 月上旬开始，北方地区常延至 7 月开始采收。单干整枝的种子成熟一致，可一次采收。采用非主枝方法整枝或不整枝种株种子成熟不一致，要分次采收。成熟的花盘变成黄褐色、外缘向内翻卷、下部茎节开始变黄，达到成熟标准，这时就可将花盘剪下并运回摊晒。

制种田的种子采收，先收恢复系父本，实行单采、单放、单晒、单贮藏，作为常规品种处理。如果制种期隔离安全，还可作为翌年制种的父本。然后再采收母本行花序，做到分装、分晒、分藏、分脱粒，保障杂交种子的高可靠纯度。

两系品种间杂交制种的田块，也要分开父、母本进行单独收获。可先收父本，剪下成熟的花序，分装、分晒、分脱、分藏。然后再采收母本行中成熟的花序，因母本行数多、数量多，在采收时更要做到分采、分装、分晒、分脱、分藏，提高杂交种子质量纯度。

对采收的带花盘种伞，如果销路通畅，可及时脱粒出售。如果暂无销路，可带花盘晒干再装入编织袋贮藏。在花盘上贮存种子，只要库房干燥，即使贮存 3 年左右种子亦有较高发芽率。

第七章
胡萝卜采收、贮藏保鲜技术

一、胡萝卜采收与采后处理

1. 采收时期

胡萝卜多为夏秋栽培和春夏栽培，夏秋栽培是胡萝卜栽培的主要方式。夏秋栽培的胡萝卜大部分品种为中晚熟品种，成熟后除少数直接进入市场销售外，主要用于贮藏，因而大部分在秋末冬初收获。胡萝卜春夏栽培属于反季节栽培，前期容易遭受低温，造成后期抽薹；后期高温、多雨，往往不利于地下部的积累。因此，春种品种多为耐抽薹的早、中熟品种，其目的主要用于弥补蔬菜淡季的需求，其收获较为灵活，在肉质根基本达到商品重量后，根据市场需求，陆续收获较大的肉质根上市，留下较小的肉质根继续生长。无论是夏秋栽培的胡萝卜还是春夏栽培的胡萝卜，适时采收是十分重要的。

适时采收对胡萝卜的品质有较大的影响。为了能适时采收并使产品达到适宜的成熟度，就要掌握播种和收获时期。据测定，胡萝卜播种 50 天后，肉质根中胡萝卜素形成的速度较快。在播后 90 天，胡萝卜素含量达到高峰值。同时随着胡萝卜肉质根的成熟，葡萄糖逐渐转变为蔗糖，粗纤维和淀粉逐渐减少，营养价值提高，品质柔嫩，甜味增加。同时，胡萝卜肉质根不断肥大，单根重增加。但当达到一定限度后，粗纤维又会增加，品质变劣，因此必须及时采收。

胡萝卜的主要食用部位是肉质根部分，其内部结构为：中间为心柱，外面为皮层，心柱和皮层之间为次生韧皮部。次生韧皮部为肉质根的主要食用部分，含有丰富的淀粉、糖类及胡萝卜素等营养物质。胡萝卜的中心柱部分是次生木质部，颜色浅淡，一般为近白色或亮黄色，现在优秀品种多为红色。胡萝卜中心柱较细小，含的营养较少。次生韧皮部的肥厚是品质优良的象征，中心柱越小营养价值越高。在收获期正常收获，质量较好。若收获过早，肉质根膨大还没有结束，干物质积累不够，甜味淡，产量低，不耐贮藏。若收获过迟，中心柱木质部过度膨大，中心柱易产生裂痕或出现抽薹现象，质地变劣，贮藏中也易糠心，质量降低，品质差。

适时采收对胡萝卜的贮藏具有很重要的意义。胡萝卜肉质根没有休眠期，秋播胡萝卜的采收一般在霜降前后进行。采收过早，会因为土温、气温尚高而不能及时下窖，或下窖后不能使贮藏温度迅速降低，容易促使胡萝卜萌芽和变质。采收过晚，则直根生长期过长，贮藏中容易糠心，还可能使直根在田间遭受冻害，而贮藏受冻的直根常会大量腐烂。

胡萝卜生长期比较长，且采收期弹性较大，适时采收对胡萝卜商品性状、贮藏具有重要的意义，生产者可根据具体情况来制定采收计划。胡萝卜以皮色鲜艳、根细长、根头小、中心柱细的品种较好。通常大多数品种在肉质根达到采收成熟时的植株特征为：心叶呈黄绿色，叶片不再生长，外叶开始枯黄，不见新叶，肉质根充分膨大，味甜且质地柔软，有的因直根的肥大使地面出现裂纹，根头部稍露出土表。为了使胡萝卜能达到适宜的成熟度，并且适时采收，就必须掌握好播种和收获时期。春播胡萝卜根据不同生长环境，一般在6月上旬至7月上旬收获；夏秋播胡萝卜一般在6月至8月上中旬播种，以10月下旬至 11 月上旬开始采收为宜，南方有些地区可延续到翌年 2 月，各地应根据当年的生产条件灵活掌握。立春以后天气转暖，顶芽萌动，须根增加，甜味减少，品质变差，已接近抽薹期，必须全部收完。

2. 产品质量标准

胡萝卜产品要求肉质根成熟适度，大小一致，根形正常、清洁，无明显腐烂、病虫害和机械损伤等缺陷；品质上要求皮、肉、心柱颜色较一致，质细味甜，脆嫩多汁，表皮光滑，形状整齐，心柱细，肉厚，不糠，符合《中华人民共和国农药管理条例》卫生要求的规定。我国胡萝卜用途多为鲜食胡萝卜和速冻胡萝卜。

鲜食胡萝卜标准为：形状良好，根体整齐，色泽美观，外表干净；肉质根肥大，表面光滑，长 15 厘米以上，粗 2 厘米以上，皮、肉、心柱均为橙红色，心柱细，质地脆，无苦味；肉质根肩窄，没有青头、开裂、分叉、病虫害、机械损伤和霉变等缺陷。

速冻胡萝卜标准为：肉质根肉色红，表皮光滑无沟痕，根形直，肉质柔嫩，心柱细，大小均匀，无病虫害，无损伤，无腐烂变质，无斑痕，充分成熟。

3. 采后处理

胡萝卜进入市场成为商品，总体上分两大类：初级产品和加工品。无论以新鲜产品进入市场，还是作为加工品的原料，新鲜胡萝卜必须满足产品清洁无污染。因此，胡萝卜采收后，在进入市场销售前，需要做好采后处理。采后处理的主要原因：一是从田间采收的胡萝卜，一般都是大小不一地掺杂在一起，有的还带有泥土，如果不进行采后必要的处理，胡萝卜不会受到消费者的喜爱，导致售价低廉、经济效益不佳。二是采收后的胡萝卜优劣混放，混有部分伤、残、病的个体，极易造成病虫害传播，导致腐烂。

胡萝卜的采后处理技术是指为了保持和改进胡萝卜的质量并使其转化为商品所采取的一系列措施，主要包括修整、清洗、分拣和分级。

（1）**修整** 胡萝卜采收后，在田间应及时对胡萝卜进行相应的修整。从顶部去掉叶子，要求伤口整齐。去掉泥土，剔除病根、小根、畸根，使产品美观整齐，便于包装运输。用于上市的胡萝卜去除须根以保持根部光滑，而用于贮藏的胡萝卜为了降低损伤，一般不去须根。清理的废弃物要集中处理，避免直接返回土壤而引起病害传播。

（2）**清洗** 清洗的目的是洗掉胡萝卜表面的泥土、杂物等污渍，使胡萝卜产品美观干净，同时便于以后的分级和包装处理。用水清洗胡萝卜产品的表面，清洗后将胡萝卜放在通风的架子上晾干，保持其产品表面清洁。作业时应冲洗，不要浸泡，防止产品切口处逸出有害微生物而造成交叉污染。在产地批发市场，大量的胡萝卜用滚筒式剥皮清洗机来清洗。

（3）**分拣** 分拣是在分级和包装之前必须完成的一项工作，一般来讲都是剔除不符合标准的产品，例如严重机械损伤的、形状不佳的、颜色不正的等。胡萝卜分拣主要是人工分拣。一般在批发市场，胡萝卜清洗后，开始人工分拣，随后装入塑料袋。

（4）**分级** 胡萝卜采收后，应按照一定的标准进行分级。胡萝卜的不同级别，是它商品性的具体反映。胡萝卜分级的主要目的是把同一品种、同一批次中的不同质量、不同大小的胡萝卜，按照胡萝卜质量标准的要求进行分级，使其达到标准化和商品化，同时也是发展胡萝卜商品流通的需要。由于胡萝卜生产过程中受外界多种因素的影响，同一块地上生产的胡萝卜都不可能完全相同，如果是从不同基地收集来的胡萝卜，必然会大小混杂、良莠不齐。在分级过程中根据胡萝卜的长短、粗细，将其相对整齐地放在一起。

　　分级的意义主要在于实现胡萝卜产品的标准化、商业化；为优质优价提供依据，为产、供、销各个环节提供便利；为市场规范化、现代化管理提供必要条件；为同种胡萝卜在异地销售，形成合理的价格创造条件；促进胡萝卜规范化、标准化生产，提高产品质量。

　　（5）分级标准　分级标准是评定产品质量的准则，是生产者、经营者、消费者之间相互监督、相互促进的客观依据。我国以《中华人民共和国标准化法》为依据，根据标准的适应领域和有效范围将标准分为国家标准、行业标准、地方标准和企业标准四个等级。国家标准是由国家标准化主管部门批准颁布，在全国范围内统一使用的标准。行业标准又称部颁标准，是在没有国家标准的情况下由主管机构或专业标准化组织批准发布，并在某一行业范围内统一使用的标准，农业农村部颁发的蔬菜、绿色食品等标准属此类。地方标准是由地方制定、批准颁布，在本行政区域范围内统一使用的标准。企业标准是由企业制定、发布，并在企业内统一使用的标准。

　　由于蔬菜产品的食用部位不同，成熟的标准也不一样，所以很难有一个固定、统一的标准，现阶段也只能按照各种蔬菜的品质要求制定个别的标准。我国现有的蔬菜分级标准主要是按外形、新鲜度、颜色、品质、病虫害和机械损伤等综合品质标准来划分等级的，每一等级按大小或重量分级，有些标准则是兼顾品质标准、大小和重量标准提出分级。

　　以出口胡萝卜分级标准为例，一级：皮、肉、心柱均为橙红色，表皮光滑，心柱较细，形状优良整齐，质地脆嫩，没有青头、裂根、分叉、病虫害和其他伤害。二级：皮、肉、心柱均为橙红色，表皮比较光滑，心柱较细，形状良好整齐，微有青头、无裂根和分叉，无严重病虫害和其他伤害。

　　规格标准分级：胡萝卜的规格大小一般分为L、M、S三级，也有L、M两级，或2L、L、M、S四级，或2L、L、M、

S、2S 五级。分级标准因品种不同而异，有按长度的，有按直径的，有按重量的，更多的是结合几项指标综合考虑分级。例如，四级标准：S 级：150 克以下；M 级：150～200 克；L 级：200～300 克；2L 级：300 克以上。

二、胡萝卜贮藏保鲜

1. 贮藏环境

胡萝卜没有生理休眠期，具有适应性强、耐贮运等特点。胡萝卜肉质根是由次生木质部和次生韧皮部薄壁细胞组成，表皮缺乏角质、蜡质等保护层，保水能力差，喜冷凉多湿的环境。贮藏条件不适宜可能会造成萌芽抽薹、失水萎蔫，使薄壁细胞组织中的水分和养分向生长点（顶芽）转移，造成发芽、糠心。发芽和糠心使肉质根失重、养分减少、组织变软、风味变淡、品质降低，因此发芽、糠心是贮藏保鲜胡萝卜中要注意防止的主要问题。贮藏用胡萝卜宜选皮色鲜艳、根细直、茎盘小、心柱细、次生韧皮部厚、含水量较多的品种，如黑田五寸人参、小顶金红、鞭杆红等。

胡萝卜的贮藏环境必须具备低温、高湿的条件。若贮藏温度高、湿度低，不仅会因萌芽、蒸腾脱水导致糠心，而且也会增大自然损耗。若贮藏温度低于 0℃，则肉质根会产生冻害，品质降低，易腐烂。所以，温度过高和过低都会直接影响胡萝卜的商品性。胡萝卜贮藏中不能受冻，贮藏适宜温度为 0～4℃，适宜相对湿度为 90%～95%。胡萝卜组织的特点是细胞间隙很大，具有高度通气性，并能忍受较高浓度的二氧化碳，贮藏环境中 7% 的二氧化碳高浓度气体条件，可抑制多种病害发生，有利于延长贮藏期。据报道，胡萝卜可忍受质量分数为 8% 的二氧化碳，这同肉质根长期生活在土壤中形成的适应性有关。因此，胡萝卜也适于密闭贮藏，如埋藏、气调贮藏等。胡萝卜对乙烯敏感，贮藏环境中低浓度的乙烯就能使胡萝卜出现苦味，因此胡萝卜不宜与香蕉、苹果、甜瓜和番茄等放在一起贮运，以免降低胡萝卜的品质。

2. 贮前处理

夏秋栽培的准备贮藏的胡萝卜，应在收获时拧去叶子，然后堆成小堆，上面用拧下来的叶子盖上，既要防止风吹日晒损耗水分，又要避免胡萝卜受冻，以免在贮藏期间腐烂。入贮前要剔除病虫、机械损伤的直根，受伤的根在贮藏中容易变黑霉烂。有些地区在入贮前要削去茎盘，防止萌芽，但这种处理会造成大伤口，易感病菌和蒸发水分，并因刺激呼吸而增加养分消耗，反而容易糠心。只拧缨而不削顶，又易萌芽，也会促使糠心。胡萝卜贮藏时是否削顶或何时削顶，要根据茎盘的大小、地区条件、贮藏方法等综合考虑其得失而定。常用的方法有：对根头部粗大的品种，如鞭杆红、二英子等，可削去顶部的短茎盘（也叫齐顶）；对顶部小的黄胡萝卜，可掰去顶部叶芽，控制早期出芽。另外，采用潮湿土层埋藏法，就必须削去茎盘，以防萌芽。留种胡萝卜则不能削顶或刮芽，最好采后当即分级下窖贮藏。为了抑制胡萝卜早期出芽和延长贮藏期限，也可以在收获前两周，选择晴天中午，将 $1\,000\sim2\,500$ 毫克 / 千克青鲜素溶液喷洒在胡萝卜的叶面上，一般每亩用药量为 50 千克左右。春夏栽培的胡萝卜除进行上述技术处理外，贮藏前应尤其注意预冷过程。秋播胡萝卜收获后，如外界温度较高，需进行预贮，方法是将其堆积在地面或浅坑中，上覆薄土，设通风道，以便通气散热，待地面开始结冻时下窖。

3. 贮藏方法

春播胡萝卜采收后，为满足市场需求，可在阴凉通风、室温 18℃左右的室内保存，以延长上市时间。如需供应整个夏季食用，需贮存于 $0\sim4$℃冷库中。胡萝卜贮藏对象主要是秋胡萝卜，在北方广大地区，胡萝卜于初冬收获后，可贮藏至翌年春季，是冬季主要的贮藏蔬菜之一。因此，适当的贮藏方法至关重要。胡萝卜临时贮藏应在阴凉、通风、清洁、卫生的条件下进行，严防烈日暴晒、雨淋、高温、冷冻、病虫害及有毒物质危害和污染。堆码时应轻卸、轻装，严防挤压碰撞。长期贮藏应按品种、等级堆码整齐，防止挤压，保持通风散热。胡萝卜的贮藏方法很多，有露地堆藏、沟藏、窖藏、通风库贮藏、塑料袋贮藏和薄膜帐贮藏等。无论哪种贮藏方法，都要求能保持低温高湿环境。胡萝卜适合气调贮藏，我国南方现多推广用塑料袋包装或薄膜帐半封闭方法的自发气调结合低温贮藏。这两种方法在贮藏期间要定期开袋通风或揭帐通风换气，一般自发气调结合低温贮藏可使胡萝卜贮藏期由常温贮藏的 2～4 周延长到 6～7 个月。

（1）**露地堆藏**　露地堆藏简便易行，多在长江以南胡萝卜可以露地越冬的地区使用，适宜大量临时贮藏胡萝卜。具体做法：将胡萝卜刨收之后，拧去叶子，挑选无病虫、无镐伤、无分叉、无开裂和个头整齐的胡萝卜，就地堆成圆形堆。圆堆的直径为 1～1.3 米，堆高 1 米左右，堆不宜过大、过高，以免堆内温度升高，导致胡萝卜生芽或腐烂。码好堆后，在堆上覆土10～15 厘米厚，将胡萝卜盖严，以防止跑风而损失水分。到大雪节气前后，随着天气变冷，再覆第二遍土，土厚 15～20 厘米，然后再加盖一层胡萝卜叶或杂草，使覆土不冻即可。这样贮存的胡萝卜可在春节前后上市。

（2）**沟藏**　胡萝卜沟藏在我国北方和中原地区使用较多，其特点是省工、省力、易行、规模不受限制，水分散失少、贮藏保鲜效果好。贮藏沟应设在地势较高、地下水位低、土质黏重、保水力较强的地段，多为东西向挖埋藏沟。挖沟时，将表层的熟土堆在沟的南侧起遮阴作用。利用土堆遮阴，要尽可能增加其高度，不需附加材料，在贮藏的前中期便可起到良好的降温和保持恒温的效果。一般生土层放在沟的北侧，生土较洁净，杂菌少，可供覆盖用。

用于贮藏胡萝卜的贮藏沟，宽 1～1.5 米，过宽会增大气温的影响，减少土壤的保温作用，难以保持沟内的稳定低温。沟的深度视当地气候状况而定，应当比当地冬季的冻土层再稍深 0.6～0.8 米。通常情况下，河北地区贮藏沟深度为 1～1.2 米，辽宁地区贮藏沟深度为 1.6～1.8 米，山东地区贮藏沟深度为 0.8～1 米，河南、陕西等地区贮藏沟深度为 0.6～0.8 米。总之，我国由北向南，沟深逐渐变浅。长度视贮量而定，一般为 3～5 米长。贮藏过程中，随环境温度的变化来调节覆土厚度以降低沟内的温度。

胡萝卜收获后，切去茎盘，防止发芽。先在阴凉处堆放几天，待气温下降不再回暖，又没有上冻，外界气温在 0～5℃时入沟。胡萝卜在沟内倾斜码放，头朝下，根朝上，一层胡萝卜一层土，也可码放 3～4 层胡萝卜后再覆一层土，一般情况下厚度不超过 0.5 米，以免底层产品受热腐烂。码放完后，上面覆土 10～20 厘米厚，以后随着外界气温下降，逐渐增加覆土厚度，保证胡萝卜不受冻害。一般总厚度以 0.7～1 米为宜。土壤的湿度要保持在含水量 18%～20%，水分不足时可浇一定量的水，但沟内不能积水。最好是与湿沙层积，有利于保持湿润并提高直根周围的二氧化碳浓度。下窖时在产品表面覆上一层薄土，以后随气温下降分次添加，最后约与地面平齐。必须掌握好每次覆土的时期和厚度，以防底层温度过高造成产品腐烂或表层产品受冻。为了掌握适宜的温度情况，可在沟中间设一个竹筒或木筒，内挂温度计，深入胡萝卜中定期观察沟内温度，以便及时调整。

埋藏的胡萝卜多数为一次出沟。翌年天气转暖后，除掉覆土，剔去腐烂的直根，完好地削去顶芽放回沟内，覆一层薄土，可继续贮存至 3 月底至 4 月初。

（3）**窖藏**　窖藏可以是棚窖，可以是井窖，也可以是窑窖，各地因地制宜选择窖的种类。棚窖选向阳背风处挖深 2 米多的土窖，宽 2～3 米，长度依贮量而定，将切去缨叶、茎盘的胡萝卜在窖内与湿土（沙）层积堆成根朝外的 1 米多高的长方形或圆形垛，然后在上面用木杆和秸秆架盖棚盖，并留出窖口。也可把胡萝卜装筐，在贮藏窖中码成方形或圆形垛。前期窖温高，可码成空心垛，垛高 1～1.5 米。在窖内也可用湿沙或细沙层积贮藏。窖藏时也应注意窖内的温湿度问题，太干时易使胡萝卜失水而糠心，温度太高时易使胡萝卜发芽而糠心。管理上，前期注意通风散热，防止热伤。后期增加覆盖，减少通风，保温防冻，可贮藏至翌年 3—4 月。一般窖内温度应保持在 0～2℃，空气相对湿度在 95% 左右。贮藏中定期抽查，发现腐烂产品及时剔除。

（4）**泥浆贮藏**　胡萝卜对二氧化碳有较高的适应性，适于埋藏和密闭贮藏。在少量贮藏时，可把胡萝卜放到泥浆中浸蘸，然后捞出放在木箱或筐中阴干。两天后，胡萝卜表面形成一个封闭的泥壳，带箱或筐放到冷凉的室内或窖中贮藏。保持室温 0～1℃，可使胡萝卜不糠心、不萌芽，能贮藏 2～3 个月。

（5）**室内贮藏**　将胡萝卜放在阴凉干燥处散水 3～5 天，然后装入 0.04 毫米厚的聚乙烯塑料袋内，每袋装 2.5 千克左右为宜，再在袋口下 1/3 处用细针扎 3～5 对对称小孔，密封袋口，放在阴凉、干燥室内贮藏。或将竹筐的底部垫上一层厚牛皮纸，铺上一层细沙，摆上一层胡萝卜，摆满摆平后再铺上一层细沙，再摆放胡萝卜，直到离筐口 8～10 厘米处，用厚沙把筐口封严。细沙的湿度要保持在 75%～85%，然后把竹筐放在室内墙角处贮藏。

（6）**冷库薄膜贮藏**　冷库薄膜贮藏需在冷库内设置塑料薄膜帐子。入库前切除胡萝卜茎盘，将选好的胡萝卜堆码成一定大小的长方形垛，一般垛长 2 米、宽 1 米、高 1 米，每垛 1000 千克左右。经一段时间的散热预贮，当库温与胡萝卜垛内的温度均降至 0℃时，即可用塑料薄膜帐子罩上，垛底不铺薄膜，塑料薄膜帐容积稍大于胡萝卜垛，帐内空隙度为 50% 左右。帐子四周用湿沙土压住，保持库内温度为 0℃左右。封闭 1.5～2 个月后，当帐内氧气含量为 6%～8%、二氧化碳含量为 10% 左右时，揭帐通风换气，同时进行质量检查和挑选，剔除感病个体，然后重新封闭贮藏。这种方法能保持高湿，延长贮藏期，可贮藏 200 天左右，保鲜效果好，质量基本不变，总损耗在 1% 左右。这种贮藏方法可以最大限度地满足胡萝卜贮藏对温湿度的要求，贮藏效果好，贮藏时间长，春夏栽培的用于加工的胡萝卜多采用此种方法贮藏。其缺点是设备投资大，能耗高。

第八章
胡萝卜主要病虫害及防治技术

一、胡萝卜主要生理病害及防治技术

在胡萝卜生产中，常因为环境条件不适或栽培管理不当，影响肉质根的正常生长发育，导致产生先期抽薹、叉根、裂根、瘤状根等畸形现象，这些畸形现象统称为生理病害，会严重影响胡萝卜的外观和品质，大大降低胡萝卜的经济效益。

1. 叉根

（1）症状 胡萝卜叉根是指肉质根分叉，即原本应为一条根的肉质根因主根根尖受损，产生3～5个发达的侧根形成分叉的肉质根。肉质根分叉大大降低了胡萝卜的商品品质和食用价值。

（2）原因 胡萝卜分叉的直接原因是主根生长受到抑制，而使主根生长受抑制的原因主要有以下几种。

①种子 胡萝卜种子的寿命较短，一般室内自然贮藏2～3年后，其发芽率仅有30%。陈种子的生活力往往较弱，发芽不良或不正常，影响幼根先端的生长，幼根先端生长迟滞，侧根往往代之膨大生长，因而也就容易产生叉根。另外，胡萝卜种子在形成期间，由于天气因素如连续阴天、连续降雨导致光照不足、雨水过多，常常出现授粉不良和种子发育不良的现象，

容易产生种胚发育不良的种子，播种这些种子，也会产生叉根。

②土壤　胡萝卜与其他根菜类蔬菜一样，适于栽培在排水良好的沙质土壤中。栽培在黏重土壤中的胡萝卜，由于透气性较差，生长容易受阻，肉质根侧根易膨大形成分叉。常年用拖拉机旋耕的土壤，土壤耕作层比较浅，胡萝卜生长在这样的土壤中，直根伸长受阻，促使其侧根发育，使肉质根出现分叉。另外，土壤中有碎石、砖头、瓦屑和树根等坚硬物体，阻碍肉质根生长，也会形成叉根。

③施肥　胡萝卜对土壤中的肥料溶液浓度很敏感，适宜的土壤溶液浓度幼苗期为0.5%、肉质根膨大期为1%，浓度过高肉质根易产生叉根。因此施肥过量或追肥不均，会引起胡萝卜分叉。施用新鲜厩肥也会影响肉质根的正常生长，因新鲜厩肥在腐熟过程中会发酵、发热，胡萝卜直根下伸时，如遇到这种厩肥，就会被烧伤，停止伸长，从而促使侧根发生，形成叉根。据研究，根菜类蔬菜因施肥不均匀而接触厩肥，导致产生叉根的约占79%，同时施用化肥不均匀，造成土壤中局部浓度过高，也易"烧"死根尖，产生叉根。

④间苗时间和定苗密度　间苗不及时，在幼苗长到5～6片叶后，生长过挤，主根弯曲，侧根发达，都会形成叉根。栽植太稀时，营养面积过大，植株附近没有相邻植株与它争肥，营养物质吸入过多，也可促使侧根肥大，造成分叉。

⑤地下病虫害危害　土壤中有各种各样的害虫，尤其是在有机质多及施用堆肥的土壤中，害虫更多。根结线虫严重的地块，易发生叉根，这种病害在胡萝卜种子萌芽后1～2周侵入寄主，致使主根受到伤害，停止生长，侧根膨大。另外，蛴螬或蝼蛄等地下害虫的啃食，也会使肉质根伸长生长停滞，引起侧根膨大而产生叉根。

⑥管理粗放　中耕、锄草时不注意而损伤了肉质根或生长点，容易产生叉根。

（3）**防治技术**　选择优良品种及质量好的新种子播种，选择肉质根顺直、耐分叉的优质高产品种，一般肉质根短形或圆形的品种较长形品种不易发生分叉现象。购种时要选择新鲜饱满、发育完全、生命力强的新种子播种。

种植胡萝卜要尽量选择沙壤土或壤土，黏重的土壤不宜栽植胡萝卜。地块要深耕细耙，耕深在 25～30 厘米，纵横细耙 2～3 次，力争土细，整地时不要漏耕漏耙，特别是地边地头。同时，要注意拣出地里的碎石、砖头、瓦屑和树根等杂物，以防肉质根生长受阻形成分叉。

种植胡萝卜要合理施肥，不施用未经发酵腐熟的有机肥。有机肥要充分腐熟，施肥时要力争使有机肥细碎，深施、撒施均匀。合理密植，适时间苗，使幼苗具有适宜的营养面积，促进主根的伸长生长。

在土壤害虫多的情况下，播种前施用土壤杀虫剂，防止地下害虫危害。

2. 裂根

（1）**症状**　胡萝卜肉质根在其生长发育、膨大过程中，由于外界因素的影响，易出现裂根现象。胡萝卜裂根多发生在肉质根生长后期，表现为肉质根表皮开裂，裂根以纵裂为多，长度、宽度和深度不一，可深裂到心柱。有的易受土壤病菌侵染引致腐烂，有的伤口虽可愈合而外观不雅，致使肉质根失去商品价值，大大影响收益。

（2）**原因**　造成胡萝卜肉质根开裂的主要原因是生长过程中土壤水分供应不均匀造成的，尤其是在生长初期遇到干旱，使表皮逐渐硬化，内部细胞分裂缓慢，而到生长中、后期，由于下雨或灌溉，水分又大增，造成内部细胞加速分裂猛长，而硬化的表皮不能相应地生长，因而出现开裂现象。另外，收获过迟，肉质根生长过盛也可膨裂，产生裂根。早春小拱棚栽培中，过早地去掉棚膜也会增加裂根的发生。

（3）**防治技术**　选择不易裂根的品种，如黑田五寸人参等。选择土层深厚、疏松、细碎、无砾石的沙壤土或壤土进行种植。精耕细作，选用腐熟的有机肥作基肥。

①注意水分管理　胡萝卜4～5片真叶，即开始破肚时，应浇足水，促进叶片的生长。从破肚以后要适当控制浇水，防止徒长，促进根部伸长。当肉质根生长到迅速膨大期时，应保持田间湿润，但浇水量也不要太大，每次浇水量要少，增加浇水次数，忌土壤忽干忽湿。特别是胡萝卜生长初期，要保证主根的正常生长。一般土壤相对含水量保持在60%～80%。临近收获时不再浇水，这样才能较好地满足肉质根生长，防止开裂。

②追肥要适量、均匀、少量多次　生长期间一般追肥2～3次，定苗后进行第一次追肥，偏施氮肥，每亩追施尿素10千克左右；肉质根膨大期进行第二、第三次追肥，偏施磷、钾肥，每次每亩追施三元复合肥15千克左右。

③要合理密植　中小型品种株行距10厘米左右，大型品种株行距13～15厘米。间苗应分2～3次进行，1～2片真叶期开始间苗，苗距3厘米；3～4片叶时再间苗1次；5～6片真叶时定苗，按品种要求严格控制株距。

④注意及时采收　按品种生长期的要求或加工需求及时采收，若在胡萝卜品种要求的采收期内没有及时采收，会使胡萝卜肉质根在后期过度生长而造成裂根。

3. 先期抽薹

（1）**症状**　胡萝卜肉质根没有达到商品采收标准前而抽薹的现象称为先期抽薹。先期抽薹的植株肉质根不再膨大，纤维增多，失去食用价值，严重降低产量。

（2）**原因**　胡萝卜是绿体植株（幼苗期）低温感应型的蔬菜，当植株长到一定大小时，遇到15℃以下低温，经15天以上就可通过春化，进行花芽分化。花芽分化以后在温暖及长日照条件下抽薹开花，但品种之间存在差异。一般胡萝卜在夏秋播种，不具备通过春化阶段的低温环境，生育后期，气温较低，也不适于抽薹开花，所以很少有先期抽薹现象发生。春季栽培胡萝卜先期抽薹率与播种期有十分密切的关系。春播越早，幼苗处于低温环境的时间越长，先期抽薹率越高，反之则较低。在倒春寒气候反常的年份，先期抽薹率较高。陈旧的胡萝卜种子生活力弱，长成的幼苗生长势弱，在相同的环境中先期抽薹率也会增加。

（3）**防治技术**　播期要适宜，不能过早，有条件的地方尽量利用塑料大、中、小棚栽培，尽量用新种子。采种技术要严格，不要用先期抽薹植株采种。要选用冬性强、对低温不敏感不易抽薹的品种。

4. 瘤状根

（1）**症状**　胡萝卜肉质根表面的气孔突起较大，表皮不光滑，出现瘤状物，不仅降低了品质，而且食用价值差。

（2）**原因**　栽培地块黏重，通透性不良，受土质影响发生瘤状根。施肥过多，特别是氮肥过多，致使生长过旺，肉质根膨大过速也会发生瘤状根。水分变化大，土壤干湿变化过快，根表层的气孔突出较大，容易形成瘤状物。夏播胡萝卜株行距过大、植株生长旺盛、肉质根发达，或是植株生长的中后期土壤干燥、盐碱过重、温度过高等，都会发生瘤状根。

（3）**防治技术**　选择土层深厚、肥沃、富含腐殖质的壤土或沙壤土进行栽培。前茬作物收获后及时清洁田园，施足充分腐熟的有机肥，防止土壤盐碱过重，进行耕翻。先浅耕灭茬、晒垡，而后深耕 20～30 厘米。间苗时应按规定保持株行距，不宜过大。在水分的管理上要保持一定湿润，见干见湿，一般土壤相对含水量保持在 60%～80%。

5. 青肩

（1）**症状**　胡萝卜肉质根的根肩部露出土表，受阳光照射后，变成绿色，外观品质下降。

（2）**原因**　主要原因是培土不严。在土壤耕层浅且土质硬的地块，当肉质根尖端下伸时，就把肩部顶出了地面。肉质根膨大期，在浇水或下雨后，畦垄很容易干裂，使肩部露出地面，形成青肩。

（3）**防治技术**　首先加深耕作层，使耕层保持在 25～30 厘米。其次应及时培土，在间苗、定苗、浇水施肥后，适当浅中耕。结合中耕进行培土，将细土培于胡萝卜根肩部，但应注意不能把植株地上部的株心部埋住。

6. 着色不良

（1）**症状**　胡萝卜肉质根着色不良，主要表现为肉质根颜色变淡、色泽差、颜色分布不均等。

（2）**原因**　胡萝卜肉质根的颜色有多种，其色素主要由胡萝卜素、叶黄素、番茄红素等构成。一般温度在 21℃ 以上时，胡萝卜素形成不良，所以夏播的胡萝卜着色迟。温度在 21℃ 以下时肉质根渐渐显出颜色，但当温度降至 16℃ 以下时，肉质根着色也欠佳，在 16～21℃ 着色最好。施氮肥偏多，会抑制胡萝卜素的合成，使根色变淡。胡萝卜肉质根着色与土壤透气与否有关。土壤中空气较充足时，着色良好；反之，在土壤坚实、空气少、排水不良的田块生长的胡萝卜，其色泽差。

（3）**防治技术**　选择壤土或沙壤土种植，通过深耕细耙或使用"免深耕"土壤调理剂，可使胡萝卜颜色变深、根皮光滑、饱满，商品价值提高。科学安排播期，使根生长的温度在 16～21℃ 的范围内，及时排出田内积水，提高土壤透气性是增加胡萝卜色素的重要措施。土壤中的肥料对胡萝卜的着色也有影响，应根据胡萝卜需肥量，控制氮肥用量，平衡施肥。据调查，土壤中钾、镁的含量多时，其胡萝卜素的含量也增多。因此，对胡萝卜施用氮、磷、钾的同时，应适当增施镁肥。

7. 生长不良

（1）**症状**　胡萝卜地上部长势过旺，叶片肥大。胡萝卜肉质根不发育，根系小，纤维增多，根的形状异常。个别出现病害发生较重等不良现象。

（2）**原因** 温度高，雨水较多，土壤过湿，速效肥量大。

（3）**防治技术** 前期根据温度变化适时播种和定苗。进入生长旺盛期，应适当控制水分，进行中耕蹲苗，防止地上部徒长。进行配方施肥，特别注意增施磷、钾肥，不能偏施氮肥。搞好水分管理，土壤不能忽干忽湿，特别是在胡萝卜肉质根膨大前期，要适当控制水分，促进肉质根的发育。限制生长调节剂的使用，不能盲目地使用膨大素、细胞分裂素等生长调节剂，以免造成植株徒长，导致胡萝卜肉质根发育不良。

8. 缺素症——缺氮

（1）**症状** 生长矮小而瘦弱，叶色淡绿，从老叶开始变黄。小节间变长，老叶呈黄色到红色，易过早死亡脱落，根相对较小。

（2）**原因** 缺氮。

（3）**防治技术** 增加土壤有机质，培肥地力。提高土壤的有机质含量、促进土壤团粒结构的形成，增加土壤的供氮能力。对一些沙性土壤，氮肥宜少量多次施用，生长旺期重点追施氮肥。

9. 缺素症——缺磷

（1）**症状** 与缺氮症状相同，生长弱。

（2）**原因** 缺磷。

（3）**防治技术** 因地制宜地选择适当农艺措施，提高土壤有效磷含量。对一些有机质贫乏的土壤，应重视有机质肥料的投入。城郊要充分利用垃圾肥料以及农产品加工厂的有机废弃物，增强土壤微生物的活性，加速土壤熟化，提高土壤有效磷含量。对于酸性或碱性过强的土壤，则从改良土壤酸碱度着手，酸性土可用石灰，碱性土则用硫磺，使土壤趋于中性，以减少土壤对磷的固定，提高磷肥施用效果。采用保护设施栽培，早春低温采用地膜覆盖和塑料大棚栽培，可以减少低温对磷吸收的影响。

10. 缺素症——缺钾

（1）**症状**　老叶尖端和叶边变黄、变褐，沿叶脉呈现组织坏死斑点，肉质根膨大时出现症状。

（2）**原因**　缺钾。

（3）**防治技术**　追施钾肥，每亩追施氯化钾或硫酸钾5～8千克。也可叶面喷施1%氯化钾溶液，或2%～3%硝酸钾溶液，或3%～5%草木灰溶液。

11. 缺素症——缺钙

（1）**症状**　幼苗中的新叶生长发育受阻，老叶从叶缘变紫，同时老叶柄也变紫并且生长受阻、黄化，叶卷曲变褐枯死，同时易引起空心病。但是土壤中钙含量过多时，会使胡萝卜糖分和胡萝卜素含量下降。

（2）**原因**　缺钙。

（3）**防治技术**　盐碱土壤应严格控制氮、钾肥用量，同时一次施肥不宜过量，以防耕层土壤的盐分浓度提高。秋冬季节常常会遇到干旱，当土壤过度干燥时，应及时灌溉，使其保持湿润，以增加植株对钙的吸收。

对因土壤溶液浓度过高引起根系吸收障碍的，对土壤施用钙肥常常无效，而适用叶面喷施。可用0.3%～0.5%氯化钙溶液进行叶面喷施，每亩用量为40～75千克，注意茎、叶背面也要喷到，或用糖醇螯合钙，每隔1周左右喷1次，连喷2～3次可见效。由于普通钙肥在植物体内移动性较差，钙的移动性是肥效的最大障碍，用糖醇螯合钙能有效解决移动性差的问题。

对于供钙不足的酸性土壤应施用石灰等含钙物质。石灰的用量与土壤质地有关，同时考虑原来土壤的pH值条件，在生产中还可以选用其他含钙高的物质如石膏等。

12. 缺素症——缺镁

（1）**症状** 植株新叶比老叶更绿，叶片外观看起来不好，老的叶片呈现脉间绿色更淡、黄化、变红，胡萝卜短小。镁含量越多，其含糖量和胡萝卜素含量也越多，品质越好。

（2）**原因** 缺镁。

（3）**防治技术** 对于土壤供镁不足造成的缺镁，可用硫酸镁等镁盐进行补充，每亩用量为2～4千克。对一些酸性土壤最好用镁石灰（白云石烧制的石灰）50～100千克，既供给镁，又可改良土壤酸性。许多化肥中都含有较高的镁，可根据当地的土壤条件和施肥状况因地制宜加以选择。对于根系吸收障碍而引起的缺镁，应采用叶面补镁来防治，可用1%～2%硫酸镁溶液，在症状激化之前喷洒，每隔5～7天喷1次，连喷3～5次，也可喷施硝酸镁等。

对供镁低的土壤，要防止过量氮肥和钾肥对镁吸收的影响。尤其是大棚蔬菜，往往施肥过多，又无淋洗作用，导致根层养分积累，抑制了镁的吸收。因此，大棚内施氮、钾肥，最好采用少量分次施用。

13. 缺素症——缺锰

（1）**症状** 叶片黄化。

（2）**原因** 缺锰。

（3）**防治技术** 矫正土壤的pH值。施用硫磺中和土壤碱性，降低土壤pH值，提高土壤中锰的有效性。硫磺用量根据土壤质地而定，每亩轻质壤土一般用1.3～1.5千克，黏质土用2千克。对于锰中毒的土壤则要增施石灰，提高土壤pH值，降低锰的有效性，以抑制蔬菜对锰的吸收，减轻锰的毒害。

施用锰肥。目前，施用的锰肥主要有硫酸锰、氯化锰、碳酸锰、氧化锰等。一般缓效性锰肥，如氧化锰，宜用作土施。水溶性锰肥，如硫酸锰，既可作土施，也可喷施。土施时应采用撒施或条施，要施均匀，以免局部发生中毒，每亩施用硫酸锰 1～2 千克。叶面喷施锰肥是矫正蔬菜缺锰症状的有效措施，在易使可溶性锰肥失效的土壤上更能显示其优越性。叶面喷施通常采用硫酸锰，浓度为 0.1%～0.2%，每亩用药液 50 千克左右。

酸性沙质土壤应尽量避免水旱轮作，同时增施有机肥，提高土壤的贮锰和供锰能力。

14. 缺素症——缺硼

（1）**症状**　幼叶变小，新叶呈淡绿色，叶顶向外卷，畸形，而后心叶枯死，老叶黄化，向后卷曲，呈萎蔫状，且叶缘呈紫色，生长点死亡，叶柄软裂，根茎表面粗糙，皮层木栓化，肉质根中空、不光滑。

（2）**原因**　缺硼。

（3）**防治技术**　施用硼肥，土施一般选用硼砂，每亩用量多为 0.5～2 千克。土壤施硼应施均匀，否则容易导致局部硼过多的危害。与有机肥配合施用可提高施硼效果。叶面喷施一般用 0.1%～0.2% 硼砂或硼酸溶液喷施。硼砂是热水溶性的，配制时先用热水溶解为宜。

有机肥料本身含有硼，每千克全硼含量为 20～30 毫克，施入土壤后可随有机肥料的分解释放出来，提高土壤供硼水平，还可以提高土壤硼的有效性。同时，要控制氮肥用量，特别是铵态氮过多，不仅使蔬菜体内氮和硼的比例失调，而且会抑制硼的吸收。

遇长期干旱，土壤过于干燥时要及时浇水抗旱，保持湿润，增加对硼的吸收。对于硼过剩的矫治，可土施石灰抑制硼的吸收，但应以预防为主。

二、胡萝卜主要侵染病害及防治技术

随着胡萝卜栽培面积的不断扩大及品种遗传均一性的提高，

胡萝卜更易发生病害。胡萝卜的病害主要由真菌、细菌、病毒引起，胡萝卜生长期间容易发生的真菌病害主要有黑斑病、黑腐病和白粉病等，细菌病害主要有软腐病，病毒病主要是花叶病毒病。这些病害发生严重时，不仅损害植株地上部的长势，而且对肉质根的外观和品质都有严重的影响，使肉质根商品性大大降低。所以在病害发生时，要注意综合防治。

1. 黑斑病

（1）**症状**　主要危害叶片、叶柄和茎，花梗和种荚均可发病。叶片发病时多从叶尖或叶缘开始，产生圆形或椭圆形的深褐色至黑色小斑，病斑带有黄色晕圈。病斑进一步发展变成内部淡褐色，外部呈不规则形黑褐色，有明显的同心轮纹，周围组织略褪色。严重时病斑汇合布满叶片，叶缘上卷，叶片从下部枯黄。叶柄上，病斑长梭状，黑褐色，具轮纹。湿度大时病斑表面可产生黑色霉层。茎和花梗上，病斑呈长圆形黑褐色，具轮纹，稍凹陷，易折断，产生的种子带病菌而且不饱满，种子受侵染后，影响发芽。

（2）**原因**　黑斑病病原是胡萝卜链格孢，属半知菌亚门真菌，为真菌性病害。病菌以菌丝体或分生孢子在种子上越冬或随病残体在土壤中越冬，翌年新斑上长出的孢子借风雨传播。高温、干旱易发病。发病适温为28℃左右，15℃以下或35℃以上不发病。缺肥、生长势弱时发病加重。种子带菌率高，易引起苗立枯。

（3）**防治技术**　种子进行消毒处理，用50℃温水浸种20分钟，取出过冷水晒干播种。或播前用种子重量0.3%的50%福美双可湿性粉剂拌种，或70%代森锰锌、75%百菌清可湿性粉剂拌种。实行2年以上轮作，不要与十字花科和其他伞形科植物轮作。

加强田间管理，选地势高、通风、排水良好的地块栽植胡萝卜。增施腐熟有机肥或生物有机复合肥，促其生长健壮，增强抗病力，及时追肥。发病后及时清除病叶、病株，收获后要清洁田园，翻晒土地。

发病初期，喷洒 60% 多菌灵盐酸盐可溶性粉剂 600 倍液，或 86.2% 氧化亚铜 1 500 倍液，或 50% 异菌脲可湿性粉剂 1 500 倍液，或 64% 噁霜·锰锌可湿性粉剂 500～800 倍液，或 75% 百菌清可湿性粉剂 400～500 倍液，或 50% 甲基硫菌灵可湿性粉剂 500～800 倍液喷雾。隔 7～10 天喷 1 次，连续防治 3～4 次，能够产生较好的效果。

2. 黑腐病

（1）**症状**　苗期至采收期或贮藏期均可发生，主要危害肉质根、叶片、叶柄及茎。叶片染病，初生不规则的"V"形或圆形暗褐色斑，后期发病严重的致叶片变黄枯死，其上也生有褐色绒毛状霉层。叶柄病斑为长条状，茎上多为梭形至长条形斑，病斑边缘不明显，湿度大时表面密生黑色霉层。肉质根染病多在根头部形成不规则或圆形稍凹陷黑斑，上生黑色霉状物。胡萝卜根茎发病后，病菌可沿着维管束由叶柄到达髓部，使维管束变黑并逐渐扩大，肉质根内部干腐软化，形成空洞。病轻时，肉质根局部或大部分变成黑色，味苦失去食用价值。病重时，肉质根变黑腐烂，但无臭味。

（2）**原因**　黑腐病病原是胡萝卜黑腐链格孢菌，属半知菌亚门真菌，为真菌性病害。病菌以菌丝体或分生孢子在病残体或病根中越冬。翌年春季，分生孢子借气流传播蔓延。温暖多雨天气易于发病，容易从伤口入侵。

（3）**防治技术**　从无病株上采种，做到单收单藏。播前种子进行消毒处理，用 50℃温水浸种 30 分钟后取出过冷水晒干或 60℃条件下干热处理 6 小时，或播前用种子重量 0.3% 的 50% 福美双或 70% 代森锰锌可湿性粉剂拌种。实行 2 年轮作，加强田间管理。提早耕地，充分晒垡，及时中耕松土，增施基肥和追肥。做好田园卫生，发现病株及时拔除，予以深埋或烧毁，并用消石灰（氢氧化钙）进行土壤消毒，以减少田间病原。采收贮藏前剔除病伤的肉质根，并在阳光下晒后贮藏。

发病初期，可用50%代森铵水剂1000倍液，或50%多菌灵可湿性粉剂500～800倍液，或50%福美双可湿性粉剂500～800倍液，或75%百菌清可湿性粉剂600倍液，隔7～10天喷1次，连续防治2～3次。在病害发生期，可用50%甲霜灵·锰锌可湿性粉剂500～800倍液，或50%异菌脲可湿性粉剂1500倍液，隔10天左右喷1次，连续防治3～4次。

3. 白粉病

（1）**症状** 主要危害胡萝卜的叶片、叶柄。病害一般多先由下部叶片发病，以后逐渐向上部叶片发展。发病初期，在叶背或叶柄上产生白色至灰白色粉状斑点，发展后叶片表面和叶柄部覆满白粉霉层，后期形成许多黑色小粒点。发病重时，由下部叶片向上部叶片逐渐变黄枯萎。

（2）**原因** 白粉病病原是白粉菌，属子囊菌亚门真菌，为真菌性病害。病菌以菌丝体在多年生寄主活体上存活越冬，也可以闭囊壳在土表病残体上越冬。翌年条件适宜时，产生子囊孢子引起初侵染，发病后病部产生分生孢子，借气流传播，多次重复再侵染，扩大危害。该病菌喜欢温暖、潮湿条件，多雨季节植株易感染此病，同时植株生长不良、抵抗力下降时也可以导致此病的发生；相反，植株由于肥水过大而徒长也易引起此病。发病适温为20～25℃，相对湿度为25%～85%，但以高湿条件下发病重。

（3）**防治技术** 因地制宜选种抗病品种，播前种子进行消毒处理，用55℃温水浸种15分钟后取出晒干，或用15%三唑酮可湿性粉剂拌种后再播种。要加强田间管理，合理密植，施足粪肥，但注意切勿偏施、过量施用氮肥，增施磷、钾肥，防止徒长。注意通风透光，适当灌水，雨后及时排水，降低空气湿度。及早间苗和定苗，及时铲除田间杂草。发现初始病叶应及时摘除，可减少田间菌源，抑制病情发展。收获后彻底清除田间病残体，集中烧毁或深埋，减少翌年入侵菌源。

发病初期及时进行药剂防治，可喷洒 40% 硫磺·多菌灵悬浮剂 500 倍液，或 15% 三唑酮可湿性粉剂 2 000 倍液，或 50% 多菌灵可湿性粉剂 500 倍液，或 70% 甲基硫菌灵可湿性粉剂 800 倍液，或 50% 硫磺悬浮剂 300 倍液，或 30% 氟菌唑可湿性粉剂 2 000 倍液，或 2% 武夷菌素水剂 200 倍液，或 12.5% 烯唑醇可湿性粉剂 2 500 倍液。10% 苯醚甲环唑水分散粒剂 3 000 倍液与 75% 百菌清可湿性粉剂 500 倍液混用，防治白粉病效果更优。

4. 菌核病

（1）**症状**　菌核病在胡萝卜贮运期及贮藏期危害严重。积雪下越冬的胡萝卜，发病部位有叶身、叶柄、根冠及根侧部。积雪消融后，叶身、叶柄呈黄褐色或深褐色，并紧贴地面，表面疏生菌丝，生成菌丝块，形成黑色鼠粪状菌核。自根冠部至向下 5～10 厘米处，侧面呈水渍状，组织软化，直根软腐，轻按之下，外皮破裂并缠有大量白色絮状菌丝体和鼠粪状菌核，菌核初为白色，后期为黑色的颗粒。严重时，心柱、皮层与组织一同溃烂，窖藏可造成整窖直根腐烂。

（2）**原因**　菌核病病原为子囊菌亚门核盘菌属菌核菌，病原菌均为兼寄生菌，为土传真菌性病害。病菌以菌丝、菌核及子囊孢子在菜窖中、土壤内或种子上越冬。翌年温湿度适宜时，产生子囊孢子引起初侵染，子囊孢子有强大的放射能力，分生孢子容易分散。混在种子中的菌核，随播种带病种子进入田间传播蔓延。其特点是以气传的分生孢子从寄生的花和衰老叶片侵入，以分生孢子和健株接触进行再侵染。温暖、高湿环境条件下病害严重。

（3）**防治技术**　优先选用抗病品种，种子播前进行消毒处理。实行 3 年以上轮作，不要与十字花科和其他伞形科植物轮作。田间生产选用无病地栽植，及时烧毁田间和贮藏环境中的病残株和病叶，以减少侵染来源。雨后及时排水，合理施肥浇水。发病地块要深耕、深翻表土，将菌核深埋地下。合理施肥，避免氮肥过多。合理密植，改善通风透光条件。要适时采收，尽量减少采前或采后运输时造成的直根表面的各种机械损伤。

发病初期可用 50% 甲基硫菌灵 500 倍液，或 50% 氯硝胺可湿性粉剂 1 000 倍液，或 50% 腐霉剂可湿性粉剂 1 000～1 200 倍液。每隔 7 天喷 1 次药，连喷 2～3 次。用次氯酸钠等含氯化合物对库房及用具进行彻底的消毒。

5. 黑叶枯病

（1）**症状**　黑叶枯病主要危害胡萝卜的地上部茎叶，多发生在 8—9 月。叶片染病多从叶尖或叶缘开始，呈现圆形或不规则形的褐色至黑色病斑，病斑密集后形成苍白色的新月形，并使叶缘向上卷缩，湿度大时病斑上长出黑色霉层，严重时叶片早枯。在茎上病斑呈圆形黑褐色凹陷。一般在雨季，植株长势弱的田块发病重。发病后遇天气干旱有利于症状显现。

（2）**原因**　真菌性病害，为纯寄生菌，病害以菌丝体和孢子体附生于被害株上越冬，翌年再发生传染。病原菌抵抗力甚强，能生存很久。在高温干旱条件下易发生此病。

（3）**防治技术**　增施有机肥，使植株生长健壮，增强抗病能力。播前进行种子消毒处理，用种子重量 0.3% 的 50% 福美双可湿性粉剂或 75% 百菌清可湿性粉剂拌种。及时拔除病株，并进行深埋。天气干旱时要及时浇水，防止土壤忽干忽湿，适当增施磷、钾肥，使植株生长健壮，抗病能力增强。发病初期开始喷洒 75% 百菌清可湿性粉剂 600 倍液，或 58% 甲霜灵·锰锌粉剂 400～500 倍液，或 65% 代森锌可湿性粉剂 800 倍液，或 70% 甲基硫菌灵可湿性粉剂 800 倍液，隔 10 天喷 1 次，连防 2～3 次，以防止其蔓延。

6. 白绢病

（1）**症状**　发病初期地上部症状不明显，植株根颈部近地际处长出白色菌丝，呈辐射状向四周扩展，后在菌丛上形成灰白色至黄褐色小菌核，大小约 1 毫米。病情严重时，植株叶片黄化、萎蔫。

（2）**原因**　白绢病病原是真菌齐整小核菌，属半知菌亚门真菌，为真菌性病害。以菌丝体在病残体或以菌核在土壤中越冬或菌核混在种子上越冬。菌核萌发后即可侵入植株，几天后病菌分泌大量毒素及分解酶，使基部腐烂。再侵染由发病根茎部产生的菌丝蔓延至邻近植株，也可借助雨水、农事操作传播蔓延。白绢病发生与土壤温湿度关系最为密切。土壤温度在 20～40℃均可发病，最适温度为 25～35℃。土壤含水量在 20% 时，病菌腐生力最高，并随含水量增加而降低。在 6—7 月高温多雨天气，时晴时雨，发病严重。气温降低，发病减少。酸性土壤、连作地、种植密度高的情况下，发病重。

（3）**防治技术**　实行 2 年以上轮作，选择干燥、不积水地块种植，播种前深翻土壤，南方酸性土壤可施石灰 100～150 千克，翻入土中进行土壤消毒，减少田间菌源。施用腐熟有机肥，适当追施硝酸铵。及时拔除病株，集中深埋或烧毁，并向病穴内撒施石灰粉。

发病初期，可选用 25% 三唑酮可湿性粉剂 1∶200 拌细土，或 40% 五氯硝基苯 1∶40 拌细土，撒施于植株茎基部，或用 20% 甲基立枯磷乳油 900 倍液喷雾，均有较高的防治效果。还可用 40% 硫磺·多菌灵悬浮剂 500 倍液，或 50% 异菌脲可湿性粉 1 000 倍液，或 25% 三唑酮可湿粉 2 000 倍液喷雾或灌根，每 10～15 天 1 次，连续防治 2 次。

7. 软腐病

（1）**症状**　主要危害地下部肉质根，田间或贮藏期均可发生。高温多雨季节发生较多，在田间，发病初期地上部茎叶部分黄化后萎蔫，或整株突然萎蔫青枯。在病害发生后期，叶片和茎部组织也开始腐烂，由叶基部向茎部和根部扩展。根部染病初期伤口附近组织出现半透明水渍状病斑，后扩大呈淡灰色，病斑形状不定，肉质根组织软化，呈灰褐色，根部腐烂，形成黄色黏稠物，汁液外溢，变为黏滑软腐状，有臭味。较老的组织患病后失水呈干缩状。

（2）**原因**　胡萝卜软腐欧文氏菌胡萝卜软腐致病型，属于细菌性病害。病原细菌在病根组织内或随病残体遗落土中，或在未腐熟的土杂肥内存活越冬，成为初侵染源。可借昆虫和地下害虫传播，从根茎部、伤口、叶片气孔及水孔侵入。伤口往往是长期干旱后下大雨、遇暴风雨、中耕松土以及地下、地上害虫危害等造成。在雨水多的年份或高温湿闷的天气易发此病，地下害虫危害重的田块发病尤重。

（3）**防治技术**　种子进行消毒处理，用50℃温水浸种20分钟，取出过冷水晒干后播种。农业措施方面应合理轮作，与大田作物轮作2年，与葱蒜类蔬菜及水稻等禾本科作物进行3年以上的轮作，避免与茄科、十字花科蔬菜连作。施用充分腐熟的有机肥，及时防治地下害虫。

加强田间管理，提高植株抗病力。深耕晒垡和及时中耕松土，进行高畦栽培或起垄栽培，不宜过密，通风要良好，做好雨后排水和灌水，避免积水，降低田间湿度。做好田园卫生，发病后适当控制浇水。发现病株，要及时清理，带出田外销毁，并用生石灰等处理病穴消毒，翻耕土壤，促进病残体腐烂分解，减少病源。及早防治地上、地下害虫，减少虫害伤口。避免田间作业时人为制造的伤口，收获时要轻挖轻放，尽量减少伤口，防止病菌侵入。选无病株为留种母根，采收后晾晒半日。入窖后要严格控制温湿度，窖温在10℃以下，相对湿度低于80%，可减少发病。

发病初期可喷洒72%硫酸链霉素可湿性粉剂4 000倍液，或14%络氨铜水剂300倍液，或50%代森锌水剂500～600倍液，或77%氢氧化铜可湿性粉剂500倍液，或新植霉素4 000

倍液，或 47% 春雷·王铜可湿性粉剂 800 倍液，或 70% 敌磺钠原药 500～1 000 倍液灌根或茎基部喷雾。每隔 7～10 天防治 1 次，连续防治 2～3 次。病情严重时可以用 72% 霜脲·锰锌可湿性粉剂 600～800 倍液，或 50% 代森锌水剂 500～600 倍液，或 50% 琥胶肥酸铜（DT）可湿性粉剂 500 倍液，或 77% 氢氧化铜可湿性微粒粉剂 500 倍液喷雾，每隔 7～10 天喷 1 次，连续防治 2～3 次。重点喷施患病植株及其周围地表，效果更好。

8. 花叶病毒病

（1）**症状**　花叶病毒病多在胡萝卜苗期或生长中期发生，侵害植株生长旺盛的叶片。发病初期，病叶出现明脉和浓淡不匀的近圆形斑驳，严重时，整个复叶或全株微有褪绿，留下星星点点的绿色斑，随植株生长有紫变的倾向，病叶呈针叶状，以后叶柄缩短，叶皱缩扭曲畸形。该病能使大多数植株矮化，发病越早，损失越大。

（2）**原因**　花叶病毒病病原是胡萝卜花叶病毒、薄叶病毒、斑驳病毒。病毒在肉质根上越冬，传毒虫媒为埃二尾蚜和胡萝卜蚜及桃蚜。田间发病通过蚜虫传播，也可通过人工操作接触摩擦传毒。胡萝卜花叶病毒病发病适温为 20～25℃，栽培管理条件差、干旱、蚜虫数量多时发病重。

（3）**防治技术**　以防治蚜虫侵害为主要措施，及时、彻底铲除田间杂草，从而减轻蚜虫传毒。搞好间作，最好与禾本科作物间作，以阻碍蚜虫飞行传毒。加强田间管理，清洁田园，及时清理病残体，深埋或烧毁。生长期间满足肥水供给，确保植株生长健壮，增强抗病力，尤其注意干旱时必须及时灌水。

在田间作业时喷洒钝化剂，对防止操作接触传染有效，或肉质根置于 36℃ 条件下处理 39 天，可使病毒钝化。及早防治蚜虫，消除侵染源，用 10% 吡虫啉可湿性粉剂 1 500 倍液，或 20% 氰戊菊酯乳油 2 000 倍液，或 50% 抗蚜威可湿性粉剂 2 000 倍液喷洒。病毒病一旦发生没有有效的药剂治病，所以只能预防。可于发病前或发病初期喷施 1.5% 烷醇·硫酸铜乳剂 1 000 倍液喷雾，或 20% 吗胍·乙酸铜可湿性粉剂 500 倍液或 1∶30 的鲜豆浆低容量喷雾。每 7～10 天喷药 1 次，连续防治 2～3 次。

9. 黄化病

（1）**症状**　植株生长初期，受感染的病株表现出显著矮化，而且生长呈丛状。病株的叶片前部轻微向内侧卷，叶脉变成透明，有时沿叶脉生黄斑，叶片明显变小。植株染病后期，叶片由绿色变为黄色，较老的叶片有时带红色，并且先干枯死亡。生长后期发病，只出现叶片黄化症状。

（2）**原因**　黄化病又称杂色萎缩病，是胡萝卜生产上常见病毒病，分布广泛。病原是胡萝卜黄化病毒，病毒在带毒胡萝卜肉质根中存活越冬，或在伞形科杂草上越冬。田间病毒主要由蚜虫传播，传毒蚜虫主要为胡萝卜蚜等。

（3）**防治技术**　以防治蚜虫为主要措施。因地制宜选育和种植抗病品种。与其他蔬菜或作物实行轮作。加强栽培管理，加强肥、水管理，提高植株抗病力。植株生长期遇到高温时，要适时灌水，防止土壤干旱。铲除田间以及周边杂草，减少田间毒源。防治蚜虫，要早防蚜，连续防蚜，发病初期及时拔除病株，用 10% 吡虫啉可湿性粉剂 1 500 倍液，或 20% 氰戊菊酯乳油 2 000 倍液，或 50% 抗蚜威可湿性粉剂 2 000 倍液喷洒。每 7～10 天喷药 1 次，连续防治 2～3 次。

10. 根结线虫病

（1）**症状**　地上部表现症状因发病的程度不同而异，轻病株症状不明显，重病株生长发育不良，叶片中午萎蔫或逐渐枯黄，植株矮小，发病严重时，全田植株枯死。肉质根染病后，在其直根上长出许多半圆形的瘤，初为白色，后变为褐色，而在侧根上生出不规则结节状圆形虫瘿，病部组织里有很多细小的乳白色线虫。后期直根分叉，一般很难向地下生长，多生长于近地面 5 厘米处。

（2）**原因**　致病害虫为根结线虫。病原线虫雌雄异形，雄成虫线状，幼虫细小线状，雌虫多埋藏于寄主组织内。每年虫卵、幼虫或雌成虫随病株在土壤中越冬，也可以幼虫直接在土壤中越冬。线虫在土壤温度达到10℃以上开始活动，生长发育最适温度为25～30℃。幼虫从幼嫩根尖侵入，然后向内、向上迁移，在根细胞伸长区定居取食，直至发育为成虫。在口针穿刺取食的同时，由口针注入分泌液，刺激其取食点附近的寄主细胞增殖和增大，形成围绕幼虫头部的几个多核巨细胞，并作为转移受侵根内营养以供给线虫食用的营养细胞，同时引起病根出现瘤子，俗称根结。线虫多存活在土壤5～30厘米土层内，完成一代需要25～30天，一年可发生4～5代。线虫在土壤中除线虫蠕动可移行短距离外，主要借病土、病苗及灌溉水传播。

（3）**防治技术**　选用抗根结线虫的品种。实行轮作制度，胡萝卜与辣椒、葱蒜类等作物轮作，能够有效降低土壤虫卵的数量，收到理想效果。病田应种植抗病、耐病蔬菜，可减少损失，并降低土壤中线虫数量，还可减轻下茬受害。

加强田间管理，精细整地，施足底肥，促进根系生长，增强植株抗病能力。铲除残根、杂草，前茬作物收获后清洁田园，将病残体带出田外，除去根结和卵囊，集中烧毁，减少病原，减轻线虫危害。在病地用过的农具要擦洗干净，防止扩大传播。有条件的地区可对地表10～15厘米深的土层淤灌1～3个月，能起到防止根结线虫侵染和繁殖增长的作用。

在胡萝卜种植前，可进行土壤消毒，在土中施10%克线磷颗粒剂，每亩施用5千克效果佳。生长期内，可在发病初期用1.8%阿维菌素乳油1 000倍液灌根，每株灌0.5千克，每10～15天灌根1次。

三、胡萝卜主要虫害及防治技术

胡萝卜与其他蔬菜相比，虫害较少，栽培技术规范标准的田间或初次种植的田间，更少发生。但在胡萝卜老产区，也会发生一些虫害，影响胡萝卜产量和品质，生产中正确识别并加以防范能够达到优质高产的目的。胡萝卜主要虫害有蚜虫、蛴螬、茴香凤蝶、蝼蛄和金针虫等。这些害虫危害胡萝卜植株，特别是危害胡萝卜肉质根，严重损害胡萝卜的商品性。

1. 蚜虫

（1）**症状**　成、若蚜主要危害叶子，以及留种植株的嫩茎、嫩叶和花。危害时多群集在嫩叶背面吸食汁液，叶面表现出褪绿斑点。严重时会集满整株叶片，使叶片皱缩，植株停止生长，最后叶片变黄，植株枯死。另外，蚜虫是十字花科蔬菜主要病毒的传播者，当它们吸食有病植株汁液后再飞到健康植株上取食，只要几分钟即可将病毒传播。

（2）**习性**　别名胡萝卜微管蚜、芹菜蚜，该虫属同翅目蚜科，刺吸式口器害虫中的一个主要类群。危害胡萝卜、芹菜、芫荽等多种伞形花科植物。蚜虫一年可发生 10～20 代，以卵在忍冬属植物枝条上越冬，翌年 4—9 月危害胡萝卜、芹菜等，11 月产生性蚜，交尾产卵后越冬。世代重叠，在我国北方地区春、秋两季发生严重。

（3）**防治技术**　严禁与其他寄主植物进行邻作、套作。冬季清洁田园，将枯株深埋或烧毁，清除杂草，减少虫口基数。保护捕食性瓢虫、食蚜蝇、蚜茧蜂和草蛉等蚜虫的天敌，利用天敌消灭蚜虫。可用网捕的方法将天敌移到蚜虫较多的菜田中。也可在蚜虫越冬寄主附近种植覆盖作物，增加天敌活动场所，栽培一定量的开花植物，为天敌提供转移寄主。

栽种季节应勤锄杂草，防止蚜虫迁飞而危害胡萝卜。蚜虫对黄色有强烈的正趋性，可在田间插黄板，上涂黄油，以粘杀蚜虫。蚜虫对银灰色有负趋性，在蔬菜生长季节，可在田间张挂银灰色塑料条，或铺灰色地膜等。在点片发生时，可喷10%吡虫啉可湿性粉剂2 000～3 000倍液，或5%啶虫脒乳油2 000倍液。在发生期，喷施50%抗蚜威可湿性粉剂1 500～2 000倍液，对蚜虫有特效且对蚜茧蜂和食蚜蝇安全。也可用25%噻虫嗪水分散粒剂5 000～10 000倍液，或20%氰戊菊酯乳油3 000～4 000倍液，或选用2.5%氯氟氰菊酯乳油、20%甲氰菊酯乳油1 000～2 000倍液防治。每7～10天喷1次，连续喷2～3次。喷药应在晴天进行，要均匀、周到，主要喷在叶背和心叶部位。

2. 蛴螬

（1）**症状**　蛴螬在地下啃食萌发的种子，咬断幼苗根茎，致使幼苗死亡，或造成胡萝卜主根受伤，使肉质根形成叉根。

（2）**习性**　蛴螬为鞘翅目金龟子科幼虫的统称，又叫白地蚕、白土蚕、核桃虫等，是各地常见的地下害虫。蛴螬以幼虫或成虫在无冻土层中越冬。其活动与土壤温度密切相关，当地表下10厘米处地温达5℃时，开始上升至表土层，13～18℃时活动最盛，23℃以上则潜入土层深处。北方地区发生比较普遍，对春胡萝卜危害较重，尤其是对施用未腐熟有机肥的田地危害更重。

（3）**防治技术**　不施用未腐熟的有机肥，防止招引成虫产卵，减少将幼虫和虫卵带入土内的机会。深秋或初冬翻耕土地，消灭一部分害虫，可降低虫量，减轻危害。合理安排茬口，前茬不应为豆类、花生、甘薯等。蛴螬发育最适宜的土壤含水量为15%～20%，土壤过干或过湿，均会使蛴螬向土层深处转移，或使卵不能孵化、幼虫致死，但灌溉要合理控制，不能影响作物生长发育。在蛴螬发生严重的地块，用50%辛硫磷乳油800倍液，或21%增效氰·马乳油8 000倍液，或30%敌百虫乳油

500 倍液，或 80% 敌百虫可湿性粉剂 800 倍液喷洒或灌根，灌根时每株用药液 150～250 毫升。还可每亩用 50% 辛硫磷乳油 0.2～0.25 千克，加水 10 倍稀释，喷于 25～30 千克细土上拌匀成毒土，然后撒于地面，随即耕翻，或混入厩肥中施用，或结合灌水施入。

3. 茴香凤蝶

（1）**症状**　茴香凤蝶主要以幼虫取食胡萝卜叶片，初孵幼虫食害小叶，幼虫发育后，食量猛增，暴食叶片，只留下主轴，影响植株生长发育；发生严重时会造成减产，使胡萝卜失去商品价值。

（2）**习性**　别名黄凤蝶、金凤蝶、胡萝卜凤蝶等，主要危害胡萝卜、芹菜、茴香等伞形科蔬菜。全国各地均有发生，一年发生两代，以蛹在灌丛树枝上越冬，翌春 4—5 月羽化，5—6 月第一代幼虫发生，6—7 月成虫羽化，7—8 月第二代幼虫发生，危害胡萝卜叶片。卵散产于叶面。幼虫为浅绿色，头部有黑纵纹，胸腹各节背面具短黑、红横斑纹，夜间活动取食，受触动时从前胸伸出触角，渗出臭液。成虫为黄色，体长 2～3 厘米，背脊为黑色宽纵纹。前后翅有黑色及黄色斑纹，前翅中室基部无纵纹，后翅近外缘为蓝色斑纹，并在近后缘处有一红斑。

（3）**防治技术**　数量较少时，结合田间管理，进行人工捕杀幼虫。数量较多时，在 3 龄前可用 20% 灭幼脲悬浮剂 1 000 倍液，或 20% 虫酰肼悬浮剂 1 500 倍液，或 10% 虫螨腈悬浮剂 1 500 倍液，或 5% 氟虫脲可分散液剂 1 500 倍液，或 10% 氯氟氰菊酯乳油 1 500 倍液，或 4.5% 氯氰菊酯乳油 1 500 倍液，或 5% 氟虫腈乳油 2 500 倍液，或 20% 氰戊菊酯乳油 2 000 倍液等喷雾防治。

4. 蝼蛄

（1）**症状**　成虫、若虫在土中咬食种子及幼芽，或将幼苗咬断致死，或在土中钻成条条隆起的隧道，使幼苗根部与土壤分离，从而失水干枯而死，或咬断幼苗地下根茎，造成缺苗断垄。植株长大以后，经过害虫咬过的根部易产生畸形。

（2）**习性** 别名拉拉蛄、地拉蛄、土狗子、地狗子等，属于直翅目蝼蛄科，在我国主要类型有华北蝼蛄和东方蝼蛄，是对胡萝卜危害较重的地下害虫。东方蝼蛄在北方地区2年发生1代，在南方地区1年发生1代；华北蝼蛄在北方地区3年发生1代，多与东方蝼蛄混杂发生。蝼蛄以成虫、若虫在地下60～70厘米或以下土层深处越冬。蝼蛄善于挖土掘洞，是一种杂食害虫，主要危害胡萝卜的地下根部。成虫黄褐色，体型粗壮肥大，体长3.6～5.5厘米，从背面看头呈卵形。前翅鳞片状，长1.4～1.6厘米，覆盖腹部不到1/3。后翅扇形，纵卷成尾状，长约3.5厘米，长过腹部末端。小虫初孵时头胸细，腹部肥大，全体乳白色，后逐渐变成浅黄以至土黄。翅未发育好。卵呈椭圆形，长0.2～0.3厘米，初产时乳白色，后变为黄褐色，孵化前为黑色。蝼蛄有趋光性和喜湿性，喜欢温暖、潮湿的土壤，在地表下20厘米、土温15～20℃时进入危害盛期。温室中由于气温高，蝼蛄活动早，而幼苗又比较集中，受害更重。

（3）**防治技术** 施用有机活性肥或生物有机复合肥、酵素菌沤制的堆肥或腐熟有机肥，避免偏施氮肥，培育壮苗。适时浇水，造成不利蝼蛄生存的环境。蝼蛄对香甜物质、炒香的豆饼、马粪等有强趋性。如果施用充分腐熟的粪肥，可每亩用5%辛硫磷颗粒剂1～1.5千克，在播种后撒于垄播沟内，然后覆土，有一定预防作用。已发生蝼蛄危害时，可用毒饵诱杀。方法是将饵料5千克炒香，用50%辛硫磷乳油0.15千克兑水30倍拌匀，每亩施用毒饵2～2.5千克，于无风闷热的傍晚撒施于田间，施毒饵前若能先灌水，以保持地面湿润，效果更好。

5. 金针虫

（1）**症状** 金针虫危害胡萝卜种子、幼苗的根及胡萝卜肉质根，使幼苗枯萎至死，或造成肉质根畸形、破伤等，对春播和夏播胡萝卜均有危害。

（2）**习性**　别名细胸叩头虫、细胸叩头甲、黄夹子等。在我国主要类型有沟金针虫和细胸金针虫。沟金针虫，一般2～3年发生1代，幼虫生活周期长，世代重叠。细胸金针虫3年发生1代，发育不整齐，有世代重叠现象。金针虫以幼虫或成虫在地下越冬，2月开始活动，4—5月后开始危害。喜欢中等偏低的温度和比较湿润的土壤。在土中危害活动的最适环境一般是10～20厘米深土层，地温15～20℃，适合生存的土壤含水量为20%～25%。

（3）**防治技术**　冬季上冻前深翻地，把金针虫越冬的成虫和幼虫翻出地面，使其被冻死或让天敌捕杀。施用腐熟的有机肥，防止成虫、幼虫混入田间。田间可用黑光灯诱杀成虫，或用毒土杀虫。方法是用2.5%敌百虫粉1.5～2千克，拌干细土10千克，撒于地面，整地做畦时翻入土中。在幼虫大量发生的田块用药液灌根，用50%辛硫磷乳油800倍液，或80%敌百虫可湿性粉剂800倍液灌根，每平方米畦面用药液4～5千克。在成虫发生期，可用2.5%氯氟氰菊酯乳油3 000倍液，或2.5%溴氰菊酯乳油3 000倍液喷杀。隔7天1次，连喷2～3次。

6. 地老虎

（1）**症状**　幼虫将幼苗近地面的茎部咬断，使整株死亡。幼虫咬食胡萝卜肉质根时，形成空洞，降低商品价值。

（2）**习性**　别名土蚕、地蚕等。常见的有小地老虎、黄地老虎和大地老虎。

小地老虎以老熟幼虫、蛹和成虫越冬。成虫夜间交配产卵，卵产在高5厘米以下的矮小杂草上，尤其在贴近地面的叶背或嫩茎上，卵散产或成堆产。成虫对黑光灯及糖醋液等趋性较强。幼虫共6龄，3龄前在地面、杂草或寄主幼嫩部位取食，危害小。3龄后白天潜伏于表土，夜间出来危害。性喜温暖和潮湿，最适发生温度为13～25℃。在河流、湖泊地区或低洼内涝、雨水充足和常年灌溉地区，均适合小地老虎发生。早春菜田和杂草多的周边，可提供产卵场所，蜜源植物可为成虫提供营养，会形成较大的虫源，发生严重。

　　黄地老虎在东北地区及内蒙古自治区每年发生 2 代，西北地区每年发生 2～3 代，华北地区每年发生 3～4 代。一年中在春、秋两季危害，但春季危害重于秋季。一般以 4～6 龄幼虫在 2～5 厘米深的土层中越冬，翌春 3 月上旬越冬幼虫开始活动，4 月上中旬在土中做室化蛹，蛹期 20～30 天。华北地区 5—6 月危害最重，黑龙江省 6—7 月危害最重。成虫昼伏夜出，具较强趋光性和趋化性，习性与小地老虎相似，幼虫以 3 龄以后危害最重。

　　大地老虎每年发生 1 代，以幼虫在田埂杂草丛及绿肥田中表土层越冬，翌年 4—5 月与小地老虎同时混合发生危害。有越夏习性，在北京市 9 月化蛹，成虫喜食蜜糖液，卵产于植物近地面的叶片上或土块上。长江流域 3 月初出土危害，5 月上旬进入危害盛期，气温高于 20℃则滞育越夏，9 月中旬开始化蛹，10 月上中旬羽化为成虫。

　　（3）**防治技术**　及时进行翻耕晒田，可杀死土中的幼虫和蛹。做好田间清洁卫生，清除田边杂草，可有效减少成虫产卵寄主和幼虫食料，还可减少部分卵和低龄幼虫。用黑光灯、糖醋液诱杀成虫。用毒饵诱杀幼虫，将 5 千克饵料炒香，而后用 90% 敌百虫晶体 30 倍液 0.15 千克拌匀，适量加水拌湿，每亩施 1.5～2.5 千克，在无风闷热的傍晚撒施。

　　地老虎 1～3 龄幼虫期抗药性差，且暴露在寄主植物或地面上，是化学防治的最佳时期，可喷洒 20% 氰戊菊酯乳油 3 000 倍液，或 50% 辛硫磷乳油 800 倍液。或用 50% 辛硫磷乳油 0.5 千克，加水适量喷拌在 150 千克细土上撒施。虫龄较大时，可用 50% 辛硫磷乳油 1 000 倍液，或 5.7% 氟氯氰菊酯乳油 1 500 倍液，或 2.5% 多杀霉素悬浮剂 1 000 倍液灌杀。

7. 夜蛾

（1）**症状**　夜蛾均以幼虫危害胡萝卜植株，啃食叶肉组织、残留表皮，或直接取食叶片，造成叶片孔洞，严重时仅留叶脉和叶柄。有些成虫还可在叶背面吐丝，结茧化蛹。

（2）**习性**　危害胡萝卜的夜蛾主要有甘蓝夜蛾、斜纹夜蛾、银纹夜蛾、甜菜夜蛾等。在我国北方地区一年繁殖4～5代，南方地区可全年繁殖。成虫夜间活动，有趋光性。幼虫3龄前群集危害，食量小；4龄后，食量大增，昼伏夜出，有假死性。在华北地区7—8月危害较重。

（3）**防治技术**　进行秋耕或冬耕，消灭部分越冬蛹。在田间采用黑光灯或糖醋液诱杀成虫。在3—4月清除杂草，消灭初龄幼虫。用药剂喷杀幼虫，可用5%氟啶脲乳油3 000～4 000倍液喷雾，也可以用20%氰戊菊酯乳油2 000倍液，或2.5%氯氟氰菊酯乳油3 000倍液，或20%甲氰菊酯乳油3 000倍液，或10%辛硫磷乳油1 000倍液。每7～10天喷1次，连喷2～3次。

8. 红蜘蛛

（1）**症状**　以成、若、幼螨在叶背吸食作物汁液，并结成丝网，将叶片和花盘蒙盖，使结果期缩短，产量降低。危害初期叶面出现零星褪绿斑点，严重时白色小点布满叶片，使叶面变为灰白色，最后造成叶片干枯脱落，植株衰败。

（2）**习性**　学名红叶螨，又名棉红蜘蛛。我国的种类以朱砂叶螨为主，分布广泛，食性杂，可危害多种植物。红蜘蛛生长发育、繁殖的最适温度为29～31℃，最适相对湿度为33%～55%。高温低湿有利于其发生。红蜘蛛对含氮高的植株有趋向性。

（3）**防治技术**　清除杂草及枯枝落叶，耕翻土地，消灭越冬虫源。合理灌溉，增施含磷高的有机肥，少施含氮有机肥，使植株健壮生长，提高抗红蜘蛛的能力。红蜘蛛可用0.36%苦参碱水剂 500～1 200 倍液喷雾，或用大蒜汁水 100 倍液喷雾。在红蜘蛛发生期，可用 20% 甲氰菊酯乳油 2 000 倍液，或 20% 哒螨灵可湿性粉剂 2 000 倍液，或 20% 哒嗪硫磷乳油 1 000 倍液，或 5% 噻螨酮乳油 2 000 倍液防治。

9. 根蛆

（1）**症状**　以幼虫危害胡萝卜的叶片和植株根部。危害叶片时，被害叶片呈现紫红色，随后变成黄色，最后全株枯黄而死。危害肉质根时，被害的肉质根畸形、木质化、无味或腐烂而不能食用。

（2）**习性**　别名胡萝卜蝇、胡萝卜潜蝇。成虫喜在潮湿处产卵，一般以数粒至数十粒成堆产在植株周围的土缝里、地面上或叶柄基部，也有的产在叶柄上或菜心里。幼虫孵化后很快就可钻入植株内部危害，幼虫期 35～40 天。从 9 月下旬开始化蛹，至 10 月下旬化蛹结束。成虫喜在日出前后及日落前或阴天活动，中午日光强烈时常隐蔽在叶背面及菜株阴处。成虫对糖醋液或未腐熟的有机肥趋性较强。

（3）**防治技术**　施用充分腐熟的有机肥，防止成虫产卵。合理轮作，与其他非伞形科作物实施轮作。及时清除田间病株残体，冬季翻地灭蛹，减少越冬虫源。发生种蝇后及时灌水。在幼虫期用 0.5% 高锰酸钾溶液灌根，在成虫期用 80% 敌敌畏乳油 1 000 倍液喷洒植株。

第九章
胡萝卜加工技术

一、胡萝卜产后加工

随着胡萝卜栽培方式不断完善，栽培种类日益增加，栽培规模逐渐扩大，胡萝卜产量也逐渐提高。胡萝卜栽培生物学效率高，采收时期相对集中，短时间能生产大量的胡萝卜，由于市场容量的限制，容易出现短时产品积压情况。胡萝卜产量的提高和鲜品供应的周年化，尚未能充分满足消费者对胡萝卜产品需求的多样性，开发各种胡萝卜加工产品，以多种胡萝卜产品形式来满足不同消费者的消费需求，也是目前社会生活的需要，更是延长胡萝卜产业链条，实现胡萝卜产业良性发展的重要保障途径。

胡萝卜加工是以胡萝卜及其副产物为原料，经过一定的工艺处理，生产出胡萝卜产品的过程。胡萝卜加工按照加工产品的特点分为胡萝卜初加工和深加工两种类型。胡萝卜初加工指不完全破坏胡萝卜细胞的完整性，以胡萝卜的全部组成成分进入加工产品的加工形式。胡萝卜深加工指破坏胡萝卜细胞的完整性，提取部分或某一类（种）组成成分，进而加工成产品的加工形式，加工工艺较为复杂，产品的增值幅度相对较大。

二、胡萝卜初加工

胡萝卜初加工技术比较简单，成本低，工艺要求不高，可以小规模生产，也可以工厂化大规模生产。胡萝卜初加工产品主要包括胡萝卜粉、胡萝卜汁饮品、脱水胡萝卜、胡萝卜休闲食品等。

1. 胡萝卜粉

胡萝卜制粉不仅对原料的大小、形状无严格要求，不产生残渣造成环境污染，还能充分利用胡萝卜中的营养及活性功能成分，实现胡萝卜的全效利用，符合当今食品行业的"高效、优质、环保"的发展方向。胡萝卜加工成粉后，大大拓宽了原料的使用范围，可以作为配料添加到面食制品、焙烤食品、奶制品、饮料等各种食品中。其制备工艺为：选料→清洗→切片→预处理（是否熟化）→干燥→粉碎→过筛→成品。其中，预处理方法、干燥方法、粒径对产品质量影响较大。

应用于胡萝卜的干燥方式有很多。热风干燥是应用最广泛的干燥方式；中短波红外干燥是较为新兴的一种干燥方式，其波长范围在1～4微米，红外射线能量可直达物体表面而不需要通过加热周围空气就可以实现产品的干燥；真空干燥也是近些年来应用较多的干燥方式，在这种干燥方式中处于负压状态下隔绝空气，使得部分在干燥过程中容易氧化等化学变化的物料更好地保持原有的特性，因此此方式是隔绝空气干燥的代表性干燥方式；真空微波干燥是将真空干燥和微波干燥共同结合起来的一种联合干燥方式。不同干燥方式加工所得的胡萝卜粉的理化性质有一定的差异。

在胡萝卜的制粉技术中，超微粉碎技术具有非常大的优势，原料经过超微粉碎成超微颗粒，由于颗粒的超微细化，颗粒的表面积和孔隙率显著增加，产品的分散性、溶解性、吸附性、功能性明显增强，容易为人体所消化吸收，而且口感更好。

2. 胡萝卜汁饮品

随着人们生活水平的提高，饮料正逐渐向着天然化、多样化、营养化、保健化的趋势发展。目前对胡萝卜汁的研究主要有单一胡萝卜汁、胡萝卜与其他水果复配的复合果蔬汁、发酵胡萝卜汁等。

（1）单一胡萝卜汁　在口感方面，胡萝卜本身存在焖味而不具备果香，其加工饮品的口味欠佳，影响了胡萝卜汁的商品价值，降低了其市场占有率。单一胡萝卜汁难以满足人们的需求。

（2）复合果蔬汁　复合果蔬汁通常是用不同种类的新鲜水果和蔬菜经预处理、榨汁或浸提等方法所得的汁液，再经过调配而成的饮品。该类产品富含糖类、氨基酸、维生素和矿物质等多种易为人体吸收的营养物质，色、香、味俱佳，而且具有一定保健作用，是一种集天然、营养、保健为一体的新型饮料。

（3）发酵胡萝卜汁　目前国内经双歧杆菌、乳杆菌协同发酵胡萝卜汁制得的产品，既保持了胡萝卜本身的营养成分，又富含乳酸，风味独特，具有改善胃肠功能、治疗便秘、抗肿瘤、提高免疫力及抗衰老等功能，是一种理想保健饮料。

胡萝卜汁饮品制备的工艺流程：选料→清洗→修整、削皮→热烫→打浆→调配→灌装→杀菌→冷却→成品。

操作要点：原料选用生长成熟、无腐烂、无病虫害、肉质呈橙红色、心柱细小、无粗筋的优质鲜胡萝卜，清洗干净后去除须根及叶簇。加工胡萝卜汁的原料须剔除表皮，以提高胡萝卜汁的色泽和风味，去皮量大时，宜采用碱液去皮法。热烫时，按料水比 1∶（1～2）将剔除表皮的胡萝卜置于体积分数为 0.3% 的醋酸（或质量分数为 0.5% 的柠檬酸溶液）溶液中预煮，使其组织充分软化。通过酸液预煮，可以充分提高原料的利用率，改善胡萝卜的风味，防止胡萝卜中的蛋白质因热变性而产生凝聚现象；通过酸化处理，能降低胡萝卜汁的 pH 值，因而可以降低杀菌温度，减少热杀菌对胡萝卜汁风味的影响。将热烫后的试样打浆，按预处理后的胡萝卜质量，加入适量的水，将其置于打浆机内打浆，然后再进行离心分离，即可获得胡萝卜汁。调配及灌装，胡萝卜汁除可单独饮用外，还可以与苹果汁、橘子汁、菠萝汁等调配成复合果蔬汁。胡萝卜原汁含量一般为40%～45%，可溶性固形物含量为8.5%～10%，含酸量为0.3%～0.4%，pH值为3.8～4。胡萝卜汁饮品通常采用热灌装，即在瞬时杀菌（100℃，30秒）后冷却至85～88℃时灌装，倒置10～15分钟后，经自然冷却即得成品。

3. 脱水胡萝卜

脱水干制是传统的食品保藏方法，将胡萝卜进行脱水干燥一方面有利于其贮藏和保存，另一方面减少了其交通成本和运输成本。目前开发的胡萝卜脱水干制品主要有干燥胡萝卜丁、干燥胡萝卜片等。

胡萝卜脱水时，首先干燥至含水量在10%左右，转变成轻质壳，然后进一步完全脱水。不同干燥技术（热风干燥、超声波干燥、冷冻干燥等）各有优劣，冷冻干燥所得干品几乎完全皱缩，溶于水后即可立刻恢复原状，口感比传统脱水干品好，且类胡萝卜素得到较好保留（96%～98%），但成本较高；超声波干燥可提高脱水速度，降低脱水温度，提高失重率，较好保持果蔬品质及减少能源消耗，但工业化条件难以实现。

胡萝卜中的胡萝卜素等含不饱和键的分子氧化后易引起干制品褪色，营养物质如 β-胡萝卜素、维生素C含量降低。对干制品加工前进行热烫处理可提高 β-胡萝卜素含量、维生素C含量，虽低于未热烫干品，但可防止其降解。短时间的高温处理也可减缓类胡萝卜素的降解，如120℃加热30秒、105℃加热25秒等条件均可。

以干燥胡萝卜丁为例简单介绍其制备工艺。制备工艺流程：选料→清洗→修整、削皮→切丁→漂烫→冷却→干制→筛选→包装→成品。

操作要点：选用表皮光滑，颜色橘红，心柱细小，长度为18～25厘米，直径为2.5～4厘米的鲜胡萝卜为原料。用清水清洗干净，去除表皮，切去青肩和心柱，然后将原料切成各边均为0.6～0.8厘米的胡萝卜丁，用清水洗净。将胡萝卜丁置于质量分数为0.1%的碳酸氢钠溶液中烫漂1.5～2分钟，烫至软而不烂，稍有弹性为止。烫漂后，须迅速用清水将胡萝卜丁冷却至室温。将处理好的胡萝卜丁均匀地摊放在烘筛上，移至烘房干制，烘房温度控制在60～65℃为宜。当烘至胡萝卜丁的含水量为6%左右时，将其从烘房中取出，筛去碎屑，拣出杂质和未干透者，然后密封包装即为成品。

4. 胡萝卜休闲食品

休闲食品是人们在闲暇、休息时所吃的食品，是快速消费品的一类。随着经济的发展和消费水平的提高，消费者对于休闲食品数量和品质的需求不断增长。将胡萝卜加工成休闲食品，不仅满足了消费者的不同需求，还提升了胡萝卜产品的附加值，延长了产业链条。目前胡萝卜休闲食品主要有胡萝卜脆片、胡萝卜蔬菜纸、胡萝卜饼干等。

真空油炸技术以食用油为介质，利用负压状态下食品中的水分沸点降低的原理，使得脱水在相对比较低的温度下进行，从而保持了食品的营养成分不受高温破坏。与传统常压油炸相比，真空油炸技术可以较好地保存食物原有的色泽和香味，使食物形成疏松多孔的结构和松脆的口感，还可以有效降低油脂劣变程度。

以真空油炸胡萝卜脆片为例介绍其制备工艺。胡萝卜脆片制备工艺流程：选料→清洗→去皮→切片→预煮→脱水→真空油炸→脱油→冷却→称重→包装→成品。

操作要点：选料，选择颜色鲜艳、表面光滑、纹理细致、新鲜的胡萝卜，剔除霉烂及受病虫害的残次品。清洗，去除胡萝卜叶子并清洗表皮的泥沙，可采用配有喷淋水的冲刷机械。去皮，采用化学去皮法为主、机械去皮为辅的工艺。用10%食用氢氧化钠碱液，在不低于95℃温度下浸泡13分钟，立即用流动清水冲洗2～3次，以洗掉被碱液腐蚀的表皮组织及残留的碱液，未去净皮的用去皮机处理。切片，将去皮后的胡萝卜放入切片机中，切成2～4毫米的薄片。预煮，用1%～2.5%食盐水预煮5～10分钟，沥干。脱水，将沥干水的胡萝卜片摆在烘盘上，于65～70℃下烘至含水量达5%～10%为止。如采用真空冷冻干燥，效果更佳。真空油炸，将脱水胡萝卜片放入真空油炸机油炸，真空度0.08兆帕，温度80～85℃，油炸时间根据胡萝卜品种、质地、油炸温度、真空度而定。通过观察孔看到胡萝卜片上的泡沫全部消失时，油炸工序可以结束。脱油，采用离心机除去胡萝卜中多余油分，若采用真空离心脱油，可将脆片含油量降到20%以下，更易被消费者接受，并且可以延长货架期。冷却，油炸后的胡萝卜脆片可用冷风机冷却。称重、包装，筛选胡萝卜脆片，去除碎片，按大小、色泽分级，称重，采用真空或充氮气包装。

5. 其他产品

胡萝卜泥、胡萝卜米（奶）粉等以其营养丰富、便于吸收且价格低廉作为婴儿用断奶食品愈加受到重视。另外，胡萝卜酸奶、胡萝卜保健酒、胡萝卜奶片、胡萝卜果脯、胡萝卜花色肠等食品也日益丰富着人们的日常生活。

三、胡萝卜深加工

胡萝卜深加工是提取胡萝卜及其副产物中具有较高营养、药用或其他特殊价值的特定物质成分，并生产出具有更高附加值产品的生产过程。胡萝卜中的营养及功能活性物质的物理化学性质及生物学功能不同，其提取过程中所采用的技术手段也有明显的变化。主要以类胡萝卜素、果胶、膳食纤维为主进行介绍。

1. 胡萝卜类胡萝卜素提取

类胡萝卜素是四萜类的脂溶性色素，基本骨架是由 8 个异戊二烯单位组成，主要分为胡萝卜素类和叶黄素类。胡萝卜中含有丰富的类胡萝卜素，其中 β - 胡萝卜素含量在所有蔬菜含量最高。β - 胡萝卜素被人体摄取后可转化为维生素 A，在人体内有一定的营养价值和保健功能，它可以预防、延缓和治疗某些疾病，尤其是癌症，同时也能提高机体免疫功能。胡萝卜经榨汁后的残渣中会存在大量的类胡萝卜素。干燥的胡萝卜渣中 β - 胡萝卜素含量可达 200 毫克 /100 克干物质。由于人们对天然产物的特殊偏爱，天然提取的类胡萝卜素比人工合成的具有更广阔的市场前景。

类胡萝卜素主要的提取方法有：溶剂萃取、超临界流体萃取、酶辅助提取、微波辅助提取、超声波辅助提取等。

溶剂萃取法是依据化合物在溶剂中的溶解性差异，将所需成分提取出来的一种方法。对不同结构的类胡萝卜素所使用的溶剂种类相差较大。选择合适溶剂是有效提取类胡萝卜素的关键。目前常用组合溶剂提高提取效率，如乙腈 / 丁醇、乙酸乙酯 / 石油醚、乙醇 / 丙酮、丙酮 / 二氯甲烷、丙酮 / 正己烷、丙酮 / 石油醚、正己烷 / 乙醚、正己烷 / 乙醇、丙酮 / 甲苯、甲醇 / 四氢呋喃、正己烷 / 乙酸乙酯、正己烷 / 丙酮 / 乙醇等。该法因其操作简便性及低成本，是工业生产中首选的提取方法。但大量有机溶剂的使用限制了溶剂萃取法的发展。可用对环境友好的可再生生物质绿色溶剂（如植物油）代替有机溶剂进行类胡萝卜素的提取。

超临界流体萃取类胡萝卜素是近年来发展起来的新技术。该方法的原理是：在一定温度、压力条件下，超临界流体（一般用二氧化碳）具有气体（流动性）和液体（溶解能力）的双重性能，能有效地将类胡萝卜素从混合物中提取出来，然后在另一温度和压力参数下，降低超临界流体对类胡萝卜素的溶解能力，使类胡萝卜素晶体从解析塔中分离，而超临界流体可经压缩泵加压重复利用。该方法有很多优点，如提取效率高、成本低、产率高、对环境友好等，并且保持了产品的纯天然性。

酶辅助提取是通过添加水解酶打破细胞壁结构的完整性，暴露细胞内物质，从而达到提高类胡萝卜素提取效率之目的。

微波辅助提取是利用样品和溶剂中的偶极分子在高频微波作用下，由于偶极旋转与离子漂移诱导极性分子内部快速产生大量热，加速了被提取物向提取溶剂的迁移，缩短了提取时间，具有回收率高、溶剂用量少、能耗低和易于控温等特点。

超声波辅助提取是利用超声过程产生的空化现象，即通过溶剂内微气核空化泡的形成、发展和崩溃，在细胞表面引导液体 / 蒸汽的喷射，导致细胞破裂，提高物质的提取效率。该法具有节能、省时和高效等优点。

2. 胡萝卜果胶提取

胡萝卜中果胶含量丰富，是一类复杂的多糖类物质，具有良好的增稠、稳定、胶凝、乳化、抗腹泻、抗癌、降低血糖和胆固醇等作用，由于其无毒、无刺激的特性，可作为胶凝剂、增稠剂、乳化剂、稳定剂等广泛应用在食品加工、医药、日化等多种领域中，具有极高的开发利用价值。

果胶一般以不溶于水的原果胶形式存在。果胶提取的基本原理是将不溶性果胶转变为可溶性果胶，并使可溶性果胶向液相转移而分离出来。随着工业科技的不断发展，用于提取果胶的技术也越来越多，除传统的酸法撮取外，还有离子交换法、超声提取法等。

酸法提取：酸法提取是将原料粉碎、漂洗后加入适量的水，用酸将溶液 pH 值调至 $1.5 \sim 3$，在 $50 \sim 100\,℃$ 范围内，时间 $1 \sim 4$ 小时，加热抽提一段时间，将大部分果胶提取出来。传统的加热酸解最大的缺点是提取率低，且在低酸、高温、长时间的提取条件下果胶分子易发生部分降解，降低了果胶的分子量，影响果胶的质量。

离子交换法：经预处理的原料，与离子交换剂和水调制 pH 值为 1.3～1.6 的料浆，一般方法为：原料先与 30～50 倍水混合并加入一定的离子交换剂，调节料浆的 pH 值到 1.3～1.6，在搅拌下加热 2 小时，过滤，分离出不溶性的离子交换剂和废渣，即得到含有果胶的滤液。由于 Mg^{2+}、Ga^{2+} 等离子对果胶有封闭作用，影响果胶转化为水溶性果胶，用离子交换法，使提取液中离子交换到树脂上，不影响果胶提取。该法较常规提取法提取率高，果胶质量好。

超声提取法：超声提取法是应用超声波强化提取植物的有效成分，是一种物理破碎过程。利用超声波产生的强烈振动、高加速度、强烈的空化效应及搅拌作用等均可加速有效成分进入溶剂，从而提高浸出率，缩短提取时间，同时可避免高温对提出成分的影响。超声提取果胶的效果主要取决于超声波的强度、频率和时间，因此考虑的参数主要有频率、强度和提取时间。与传统的酸法提取果胶相比，超声萃取具有无须高温、不破坏原料中某些具有热不稳定、易水解或氧化特性的成分；提取效率高、节约时间；成本低，操作简单易行等优点。

3. 胡萝卜膳食纤维提取

膳食纤维对人体健康有很多重要生理作用，如促进胃肠蠕动性、影响糖和脂质代谢、促进排便、增强细菌活力、对结肠内容物解毒、维持肠道生态系统平衡和保证肠道黏膜完整性等。膳食纤维按溶解性可分为不溶性膳食纤维和水溶性膳食纤维两大类。而水溶性膳食纤维主要成分为果胶，前面已提及，此处主要介绍不溶性膳食纤维提取。不溶性膳食纤维主要包括纤维素、木质素、半纤维素等成分。制备方法主要有化学法、酶法、生物发酵法等。

　　化学法是将样品原料经过干燥、粉碎，然后用酸、碱等化学试剂作为溶剂进行浸提，得到膳食纤维的一类方法。简便快捷，也是目前最常用的提取方法，在工业上也广泛被应用。根据工艺不同，化学法也可分成酸法、碱法、直接水提法和絮凝剂法等。直接水提法比较常见，但得率很低。用碱法以及酸法所提取制得的膳食纤维色泽较差、纯度不高，且使膳食纤维活性遭到破坏，还产生大量污水而对环境造成严重污染。

　　酶法提取是指利用淀粉酶、糖化酶、蛋白酶、半纤维素酶和阿拉伯聚糖酶等，水解去除胡萝卜中的淀粉和蛋白质等物质，进而使膳食纤维游离释放的一种化学方法。该法操作工艺简单，条件温和，设备也很简单，所得膳食纤维提取率和纯度很高。与传统化学法相比，酶法能够明显降低膳食纤维的损失和对环境破坏，膳食纤维的提取率及质量也明显提高，缺点是费用较高。

　　生物发酵法是采用发酵的原理，在适宜的条件下，从发酵底物当中提取的一种方法。该法成本较低，膳食纤维得率高，色泽、质地、气味、分散程度均较好。不足之处在于此方法对环境因素要求较高，研究仍处于实验阶段，尚未实现工厂化生产。

参考文献

［1］王淑芬，刘贤娴，徐文玲. 萝卜胡萝卜绿色高效生产关键技术［M］. 济南：山东科学技术出版社，2015.

［2］王淑芬，何启伟，刘贤娴，等. 萝卜　胡萝卜　山药　牛蒡［M］. 北京：中国农业大学出版社，2005.

［3］吴焕章，郭赵娟，陈焕丽. 胡萝卜四季高效栽培［M］. 北京：金盾出版社，2015.

［4］胥志文，张林约. 胡萝卜绿色栽培与深加工［M］. 杨凌：西北农林科技大学出版社，2012.

［5］尹立荣. 胡萝卜栽培技术和病虫害防治［M］. 天津：天津科技翻译出版公司，2009.

［6］张惠梅，胡喜来. 胡萝卜、萝卜标准化生产［M］. 郑州：河南科学技术出版社，2011.

［7］王迪轩. 萝卜、胡萝卜优质高产问答［M］. 北京：化学工业出版社，2011.

［8］赵志伟，司家钢. 萝卜胡萝卜无公害高效栽培［M］. 北京：金盾出版社，2009.